环渤海区域填海造陆对滨海湿地的影响研究

赵 蓓 王 斌 宋文鹏等 编著

海洋出版社

2017年 · 北京

图书在版编目（CIP）数据

环渤海区域填海造陆对滨海湿地的影响研究/赵蓓等编著. —北京：海洋出版社，2017.3

ISBN 978-7-5027-9745-4

Ⅰ.①环… Ⅱ.①赵… Ⅲ.①环渤海经济圈-填海造地-影响-海滨-沼泽化地-研究 Ⅳ.①P942.078

中国版本图书馆 CIP 数据核字（2017）第 056339 号

责任编辑：张　荣
责任印制：赵麟苏
海洋出版社　出版发行
http：//www.oceanpress.com.cn
北京市海淀区大慧寺路 8 号　邮编：100081
北京朝阳印刷厂有限责任公司印刷　新华书店发行所经销
2017 年 3 月第 1 版　2017 年 3 月北京第 1 次印刷
开本：787mm×1092mm　1/16　印张：10
字数：210 千字　定价：45.00 元
发行部：62132549　邮购部：68038093　总编室：62114335

前　言

湿地被誉为“地球之肾”，是地球上水陆相互作用形成的独特的生态系统，是自然界中最富生物多样性的生态景观和人类最重要的生存环境之一。湿地仅覆盖地球表面6%的面积，却为地球上20%的已知物种提供了生存环境。据相关数据显示，1 hm^2 湿地生态系统每年创造的价值高达1.4万美元，是热带雨林的7倍，是农田生态系统的160倍。它不仅在海岸防护、蓄洪防旱、调节气候、控制土壤侵蚀、降解污染物、固碳等方面具有重要的环境功能和效益，而且能为人类提供多种生产、生活的资源供给和文化、旅游、教育、科研等多种服务，是维护国家生态安全和社会经济可持续发展的重要支撑。

因地处于海陆交汇处，湿地受海陆作用影响明显，再加上人为因素的干扰，使得其生态系统功能极易偏离自然演变的轨迹，遭受不同程度的破坏。在过去的几个世纪里，人类主要通过排水和围垦湿地发展农业和畜牧业实现对湿地的利用，这引起自然湿地面积减小、湿地水质和底质污染、湿地生物多样性水平和初级生产力下降、湿地植被退化等湿地退化问题（崔宝山等，1999）。近几十年来，随着人口的增加、资源的匮乏和经济利益的驱动，湿地被大面积开发和破坏，严重影响了湿地资源供给和服务功能的正常发挥，中国的湿地正面临着生态功能趋于退化、物种多样性逐步减少的过程。

环渤海所辖海域作为我国海洋经济最发达的海区之一，区位优势明显。近些年来海洋开发一直处于高速发展时期，相继有天津滨海新区、河北曹妃甸循环经济示范区、辽宁沿海经济带、黄河三角洲高效生态经济区、山东半岛蓝色经济区等纳入到国家发展战略中。我国18亿亩耕地红线的确定，使得陆域土地资源紧缺，环渤海沿岸经济开发大规模向海洋进军，向海洋要空间、要容量、要资源的需求愈来愈强烈，填海造陆、围垦养殖等人类活动随处可见，沿岸滨海湿地成为开发利用较为显著的区域，也直接导致了滨海湿地被不同程度占用，数量减少，质量下降，景观格局发生改变。

填海造陆是导致滨海湿地遭受影响的重要因素和直接驱动力。由于填海造陆多位于海岸线向海一侧，因此本书在研究填海造陆对滨海湿地的影响时，所指的滨海湿地是指海岸线向海一侧至-6 m等深线之间的碱蓬地、芦苇地、河流水面、海涂、滩地、浅海水域、水库与坑塘（养殖池及滩涂上的围海等）及其他（盐田及高潮线以下的围海等）共计8类湿地类型。其中，碱蓬地、芦苇地、河流水面、海涂、滩地、浅海水域为天然滨海湿地，水库坑塘以及其他定义为人工湿地。

本书共分为6个章节，以环渤海沿海地区为研究区域，针对该区域亟待解决的填海造陆开发活动与湿地资源合理保护之间相协调的核心问题，收集到了环渤海区域2000年、2005年、2008年、2010年、2011年、2012年和2014年7期卫星遥感影像，共分为2000—2005年、2005—2008年、2008—2010年、2010—2011年、2011—2012年和2012—2014年6个时期对环渤海区填海造陆情况及2000年、2005年、2008年、2010年、2011年、2012年和2014年7个时期滨海湿地变化状况进行了分析。据遥感影像解析解译得到：2000—2014年，环渤海区域填海造陆总面积共计1 560.22 km^2，2014年环渤海区域滨海湿地面积为18 459.37 km^2，填海造陆是该区域导致湿地变化的主要原因。在把握环渤海区域填海造陆开发状况、明晰滨海湿地退化现状及原因的基础上，研究分析填海造陆对环渤海区域湿地动态变化的影响因素，评估填海造陆对滨海湿地的影响，同时通过借鉴国外滨海湿地保护政策措施，提出具有针对性的、适合我国国情的填海造陆管理与湿地保护调控对策，为管理决策提供依据，推动滨海湿地资源的合理保护和利用，从而促进环渤海区域滨海湿地与经济、社会的健康、可持续发展。

本书各章节的编写分工如下：

第1章　周艳荣、孙莉莉、杨琨、姜旭；

第2章　宋文鹏、单春芝、赵蓓、刘娜娜；

第3章　单春芝、赵蓓；

第4章　赵蓓、张继民、单春芝；

第5章　李静、赵蓓、刘娜娜、张继民；

第6章　王斌、赵蓓、张继民。

赵蓓、周艳荣负责全书统稿工作，刘娜娜、杨琨负责校核。

本书在写作过程中特别感谢国家海洋局北海环境监测中心崔文林主任、孙培艳书记和同事们对此项工作的大力支持！感谢所有参与、关心此项工作的同仁们。

由于笔者研究认识水平有限，书中可能存在一些不足和错误，诚恳期盼专家和同行的批评指正。

作者

2015年6月

目　录

第 1 章　环渤海区域环境概况

1.1　自然地理和社会经济概况

1.1.1 环渤海区域自然地理概况

渤海是我国的内海，三面环陆，在辽宁、河北、山东、天津三省一市之间，东面与黄海相通，以辽东半岛的老铁山角和山东半岛的蓬莱角连线为界，由辽东湾、渤海湾、莱州湾和中部海域组成见图 1.1。

渤海海域面积约 7.7×10^4 km^2，大陆海岸线长 2 668 km，平均水深 18 m，最大水深 85 m，20 m 以浅的海域面积占一半以上。渤海地处北温带，夏无酷暑，冬无严寒，多年平均气温 10.7℃，降水量 500~600 mm，海水盐度为 30。

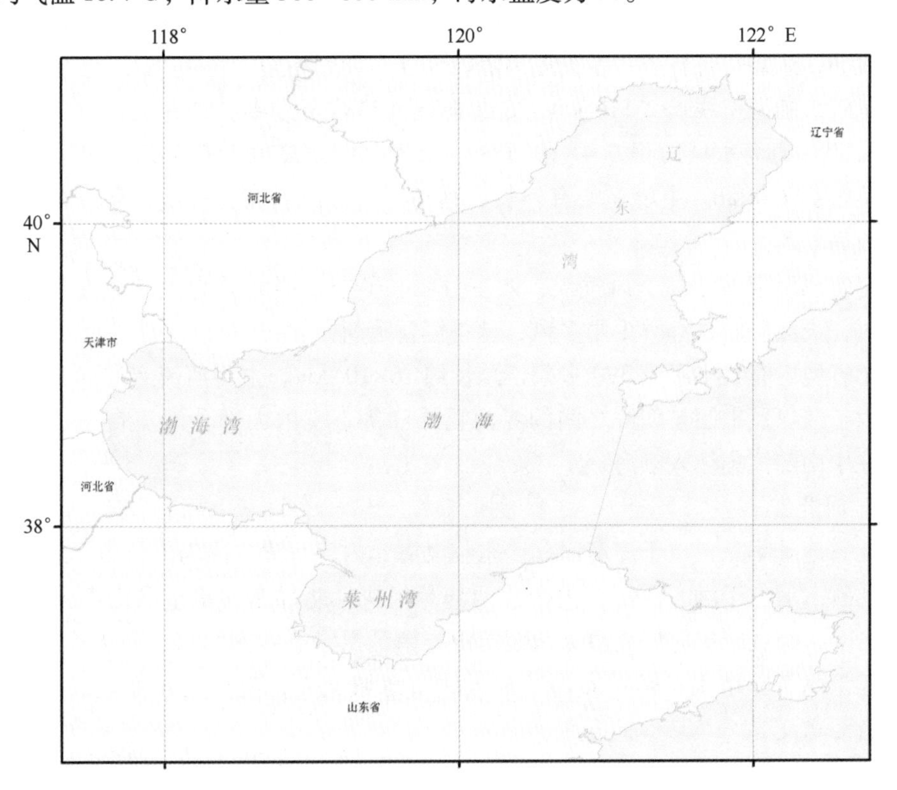

图 1.1　渤海地理位置图

渤海海底平坦，多为泥沙和软泥质，地势呈由三湾向渤海海峡倾斜态势。海岸分为粉沙淤泥质岸、沙质岸和基岩岸三种类型。渤海湾、黄河三角洲和辽东湾北岸等沿岸为粉沙淤泥质海岸，滦河口以北的渤海西岸属沙砾质岸，山东半岛北岸和辽东半岛西岸主要为基岩海岸。

渤海大部分海区为不正规半日潮；秦皇岛和黄河口附近为正规全日潮，其外围环状区域为不正规全日潮。渤海潮流以半日潮为主，在沿海近岸区域，潮流呈现往复流，在渤海中部海区，为旋转流。

渤海沿岸入海河流有40余条，可以大致分成三大水系，分别注入三大湾，即辽东湾（15条）、渤海湾（16条）、莱州湾（9条）。入海河流中径流量较大有黄河、海河、大辽河、滦河、双台子河、大小凌河、小清河和潍河等，年径流量约 720×10^{8} m^{3}，年入海泥沙约 13×10^{4} t。

环渤海地区拥有优越的地理区位，为开发利用海洋资源提供了便利的条件。近年来，环渤海沿海地区社会经济发展迅速，一系列沿海开发规划上升为国家战略并形成交集。环渤海地区成为继珠三角、长三角之后中国新的经济增长极。

（1）辽宁省

辽宁省位于我国东北南部，南临渤海、黄海，西南与河北省交界，西北与内蒙古自治区毗邻，东北与吉林省接壤，东南隔鸭绿江与朝鲜相望。

辽宁省大陆海岸线长2 110 km，东起鸭绿江口西至绥中县老龙头；海域面积 15×10^{4} km^{2}，其中近海水域面积 6.4×10^{4} km^{2}。全省有海洋岛屿266个，面积191.5 km^{2}，岛岸线全长627.6 km。主要岛屿有外长山列岛、里长山列岛、石城列岛、大鹿岛、菊花岛、长兴岛等。

辽宁省属温带大陆性季风气候，四季分明。冬季以西北风为主，漫长寒冷，夏季多东南风，炎热多雨，春季少雨多风，秋季短暂晴朗。

辽宁省境内有大小河流390多条，总长约 16×10^{4} km。主要河流有辽河、浑河、大凌河、太子河以及中国与朝鲜之间的界河鸭绿江等，境内大部分河流自东、西、北三个方向往中南部汇集注入渤海。

（2）河北省

河北省地处华北，位于漳河以北，东临渤海、内环京津，西为太行山，北为燕山。

河北省海域位于渤海西部，由南北两部分组成：北部东起秦皇岛山海关区渤海镇张庄崔台子，与辽宁省海域交界，西至唐山丰南区黑沿子镇涧河村，与天津海域交界；南部北起沧州黄骅市南排河镇歧口，与天津市海域交界，南至沧州海兴县大口河口，与山东省海域交界。

河北省大陆海岸线长487 km，岸线类型齐全，基岩海岸、砂质海岸和粉砂淤泥质海岸地貌发育典型。海岛总面积7 141 hm^{2}，海域浅海面积613 854 hm^{2}，滩涂（潮间带）面积101 781 hm^{2}。

河北省属温带大陆性季风气候，月平均气温在3℃以下，七月平均气温18~27℃，四季分明。

河北省内河流较多，长度在 18～1 000 km 之间的就达 300 多条。境内河流大都发源或流经燕山、冀北山地和太行山山区，其下游有的合流入海，有的单独入海，还有因地形流入湖泊不外流者。主要河流从南到北依次有漳卫南运河、子牙河、大清河、永定河、潮白河、蓟运河、滦河等，分属海河、滦河、内陆河、辽河 4 个水系。其中海河水系最大，滦河水系次之。

（3）天津市

天津市地处我国华北平原的东北部，位于北纬 38°34′—40°15′、东经 116°43′—118°04′之间，东临渤海湾，北依燕山，西接首都北京，南北分别与河北省接壤。

天津市海岸线全长 153. 67 km，传统海域面积约 3 000 km^2，唯一的海岛—三河岛，位于永定新河河口。

天津市属暖温带半湿润大陆季风型气候，天津市虽紧靠渤海，但属内陆海湾，受海洋影响较小，主要受季风环境影响。主要气候特点为四季分明，冬季寒冷干燥少雪；春季干旱多风、冷暖多变；夏季气温高湿度大、雨量集中；秋季天高云淡。

天津市内河流较多。海河对天津城市的形成和发展起到了重要作用，海河水系是华北最大的水系上游的五大河流，沟通了华北内陆和海洋的联系。天津市境内海河水系包括——海河、北运河、南运河、大清河、永定河、子牙河、马厂减河、独流减河、洪泥河等。

（4）山东省

山东省位于黄河下游，东临渤海、黄海，与朝鲜半岛、日本列岛隔海相望，西北与河北省接壤，西南与河南省交界，南与安徽省、江苏省毗邻。山东半岛与辽东半岛相对，环抱着渤海湾。

山东省海域北起鲁冀交界处的漳卫新河河口，与河北省相邻；南至鲁苏交界处的绣针河河口，与江苏省为界；海域环绕我国最大的半岛——山东半岛，以蓬莱角为界，向西属于渤海海域，向东属于黄海海域。

山东省海岸线总长 3 345 km，其中属渤海区的大陆海岸线长约 923 km，属于黄海的大陆海岸线长度约为 2 422 km。全省海岸由人工海岸、基岩海岸、沙质海岸和粉砂淤泥质海岸构成，比例为 38∶27∶23∶12。

山东省气候温和，雨量集中，四季分明，属于暖温带季风气候。夏季盛行偏南风，炎热多雨，冬季多偏北风，寒冷干燥；春季天气多变，干旱少雨多风沙；秋季天气晴爽，冷暖适中。

山东省境内入海河流较多，被誉为“中华民族母亲河”的黄河自西南向东北斜穿山东省境域，流程 610 km 余，从渤海湾入海。入海河流还有徒骇河、马颊河、沂河、沭河、大汶河、小清河、胶莱河、淮河等。

1.1.2 环渤海区域社会经济概况

环渤海区域包括辽宁省、河北省、山东省和天津市的沿海市县，2012年底环渤海区域总人口约7 058.8万人，占全国总人口的5.21%；国内生产总值约50 056.8亿元，占全国生产总值的9.64%。

表1.1 2012年环渤海地区社会经济发展统计

省（直辖市）	市	人口数量/万人	GDP/亿元	人均GDP/（亿元/万人）	行政区面积/km^2
天津	天津市	1 413.0	14 370.16	10.17	11 916.88
河北	唐山市	766.9	5861.64	7.64	13 407.1
	秦皇岛市	302.2	1 139.37	3.77	7 765.9
	沧州市	724.4	2 812.42	3.88	14 082.8
山东	东营市	207.3	3 000.66	14.47	7 067.2
	烟台市	698.3	5 281.38	7.56	10 013.1
	潍坊市	921.6	4 012.43	4.35	15 720.4
	滨州市	378.9	1 987.73	5.25	8 567.4
辽宁	大连市	689.2	7 002.83	10.16	12 574
	锦州市	309.7	1 242.71	4.01	9 891
	营口市	244.2	1 381.18	5.66	5 242
	盘锦市	143.5	1 244.96	8.68	4 071
	葫芦岛市	259.6	719.33	2.77	10 415
合计		7 058.8	50 056.8	7.09	130 733.8

根据2007—2014年《中国海洋经济统计年鉴》可知，环渤海区域海洋经济总产值呈现持续快速发展趋势，产业结构不断优化调整。第一产业所占比例关系大致呈现不断下降态势，直到2008年爆发全球经济危机，环渤海经济区海洋经济增速放缓，2009年海洋生产总值比2008年增长4.45%（现价），占地区生产总值比重达15.18%，与此同时，第一产业所占比重有所增加。海洋产业增加值为6 292.6亿元，海洋相关产业增加值为4 889.8亿元。环渤海三大海洋支柱产业中，除海洋交通运输业受金融危机冲击增加值出现下滑，海洋渔业和滨海旅游业依然保持增长态势，三大海洋产业增加值合计达到3 718.82亿元，占该地区主要海洋产业增加值的76.9%。作为海洋第二产业较为发达的区域，环渤海地区海洋第二产业受金融危机的影响更为突出，其中，由于国际油价大跌，海洋油气业降幅较为明显，其增加值与2008年相比下降了36.0%（现价）。海洋盐业和海洋化工业增加值也或多或少出现回落。海洋生物医药业、海洋电力业、海水利用业等海洋新兴产业显示了巨大的发展潜力，与2008年相比增幅明显。

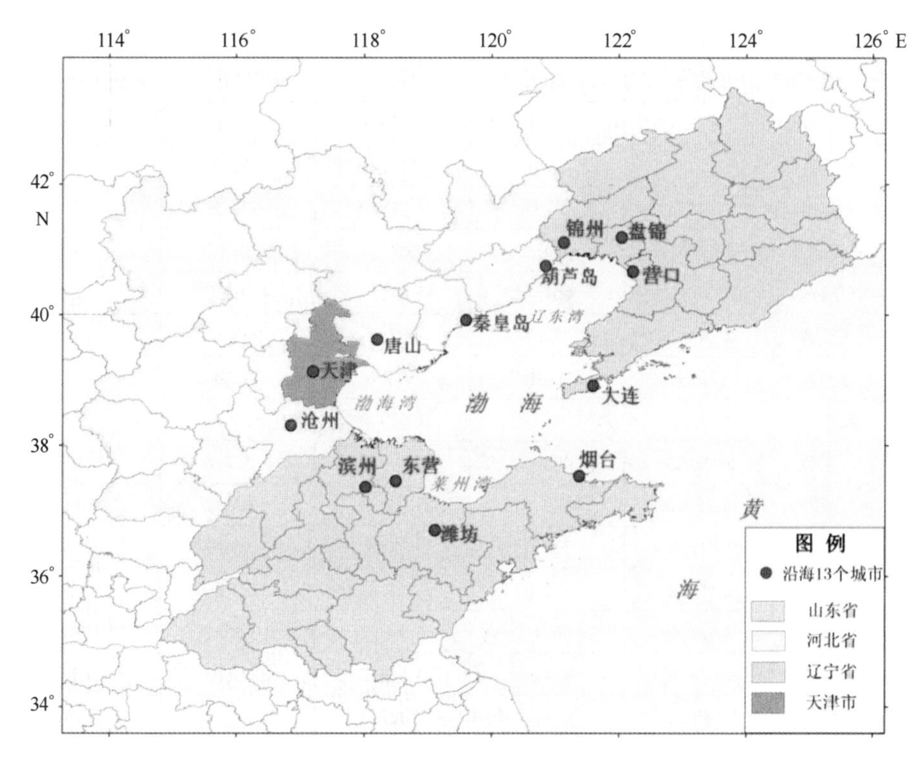

图 1.2　环渤海地区行政区范围示意图

表 1.2　2006—2013 年环渤海各省市海洋生产总值

年份	省（直辖市）	海洋生产总值/亿元	海洋第一产业/亿元	海洋第二产业/亿元	海洋第三产业/亿元	海洋生产总值/沿海地区生产总值（%）
2006	辽宁省	1 478.9	146.4	791.2	541.3	16.0
	河北省	1 092.1	24.8	554.0	513.4	9.4
	天津市	1 369.0	3.5	900.9	464.6	31.4
	山东省	3 679.3	306.9	1 786.4	1 585.9	16.7
	合计	7 619.3	481.6	4 032.5	3 105.2	16.12
2007	辽宁省	1 759.9	198.0	899.0	662.9	16.0
	河北省	1 232.9	23.1	633.7	576.1	9.0
	天津市	1 601.0	5.0	1 031.6	564.4	31.7
	山东省	4 477.9	340.1	2 155.8	1 982.0	17.2
	合计	9 071.7	566.2	4 720.1	3 785.4	16.26

续表

年份	省（直辖市）	海洋生产总值/亿元	海洋第一产业/亿元	海洋第二产业/亿元	海洋第三产业/亿元	海洋生产总值/沿海地区生产总值（%）
2008	辽宁省	2 074.4	252.0	1 073.8	748.6	15.4
	河北省	1 396.7	26.6	717.8	652.3	8.6
	天津市	1 888.8	4.3	1 255.0	629.5	29.7
	山东省	5 346.3	384.9	2 629.1	2 332.3	17.2
	合计	10 706.2	667.8	5 675.7	4 362.7	15.94
2009	辽宁省	2 281.2	330.8	982.8	967.6	15.0
	河北省	922.9	37.1	503.4	382.4	5.4
	天津市	2 158.0	5.1	1 329.3	823.6	28.7
	山东省	5 820.2	406.6	2 890.8	2 522.6	17.2
	合计	11 182.3	779.6	5 706.3	4 696.2	15.18
2010	辽宁省	2 619.6	315.8	1 137.1	1 166.7	14.2
	河北省	1 152.9	47.1	653.8	452.1	5.7
	天津市	3 021.5	6.1	1 979.7	1 035.7	32.8
	山东省	7 074.5	444.0	3 552.2	3 078.3	18.1
	合计	13 868.5	813	7 322.8	5 732.8	15.95
2012	辽宁省	3 391.7	447.0	1 339.7	1 605.1	13.7
	河北省	1 622.0	70.9	876.3	674.7	6.1
	天津市	3 939.2	7.9	2 626.0	1 305.3	30.6
	山东省	8 972.1	648.7	4 362.8	3 960.6	17.9
	合计	182 925.0	1 174.5	9 204.8	7 545.7	68.3
2013	辽宁省	3 741.9	499.6	1 402.7	1 839.6	13.8
	河北省	1 741.8	77.9	911.4	752.5	6.2
	天津市	4 554.1	8.7	3 065.7	1 479.7	31.7
	山东省	9 696.2	715.7	4 593.9	4 386.6	17.7
	合计	19 734.0	1 301.9	9 973.7	8 458.4	69.4

注：资料来源：2007—2014 年中国海洋统计年鉴。

1）山东省海洋经济发展状况

山东省是国内较早重视海洋经济发展的省份之一。1991 年，山东省委、省政府就做出了建设“海上山东”的战略决策。之后《海上山东研究》《再论海上山东》与《三论海上山东》三本专著的出版，代表了山东海洋经济研究的前沿，有力地推动了山东海洋经济的发展。根据统计数据，自 2001 年以来，山东省主要海洋产业总产值一直保持增长态势，其中 2005—2008 年，以年均 20.5%的速度增长，2008 年由于全球经济危机，山东省的海洋经济增长趋势有所减缓。但在 2009—2011 年，山东省的主要海洋生产总值连续两年增长率超过 20%。2013 年山东省海洋经济总产值达到 9 696. 2 亿元，占全省国内生产总值的 17. 7%。2001—2013 年，山东省海洋经济总产值由 787 亿元增加到 9 696. 2 亿元，年均增长在 20%以上。可以看出海洋经济发展对山东社会经济发展起到十分重要的作用。按产值计算，山东省海洋产业的主要支撑是水产业（含海洋渔业和加工业），其次是滨海旅游业，其余都不足海洋产业总量的 10%。

表 1. 3　2001—2013 年山东省海洋生产总值

年份	海洋生产总值/亿元	山东省生产总值/亿元	海洋产业总产值占全省生产总值的比重（%）
2001	787	9 438. 3	8. 3
2002	995	10 552. 1	9. 4
2003	1 478	12 430. 0	11. 9
2004	1 759	15 490. 7	11. 4
2005	2 490	18 468. 3	13. 5
2006	3 679. 3	21 846. 7	16. 8
2007	4 477. 9	25 887. 7	17. 3
2008	5 346. 3	31 072. 1	17. 2
2009	5 820. 2	33 805. 3	17. 2
2010	7 074. 5	39 416. 2	17. 9
2011	7 892. 9	45 361. 85	17. 4
2012	8 972. 1	50 013. 2	17. 9
2013	9 696. 2	54 684. 3	17. 7

资料来源：海洋产业总产值来源于 2002—2014 年中国海洋统计年鉴；全省生产总值来源于 2001—2013 年山东省国民经济和社会发展统计公报。

表 1. 4　2011 年山东省各类海洋产业产值

序号	产业类型	产值/亿元	所占比例（%）
1	海洋渔业	2 388. 2	30. 3
2	海洋交通运输业	655. 8	8. 3
3	海洋工程建筑业	441	5. 6
4	滨海旅游业	1 917. 1	24. 3
5	海洋化工业	663. 3	8. 4
6	海洋油气业	118. 7	1. 5
7	海洋生物医药业	81. 1	1. 0
8	海洋电力业	64. 6	0. 8
9	其他	1 563. 1	19. 8

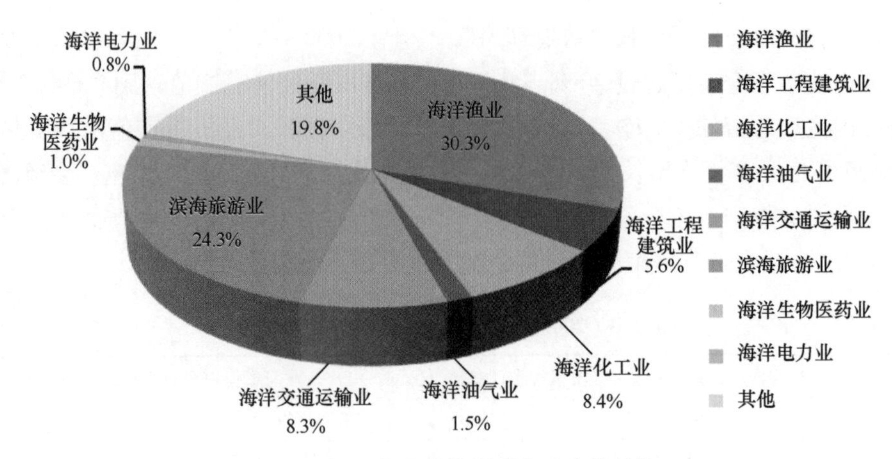

图 1.3 2011 年山东省海洋产业产值结构

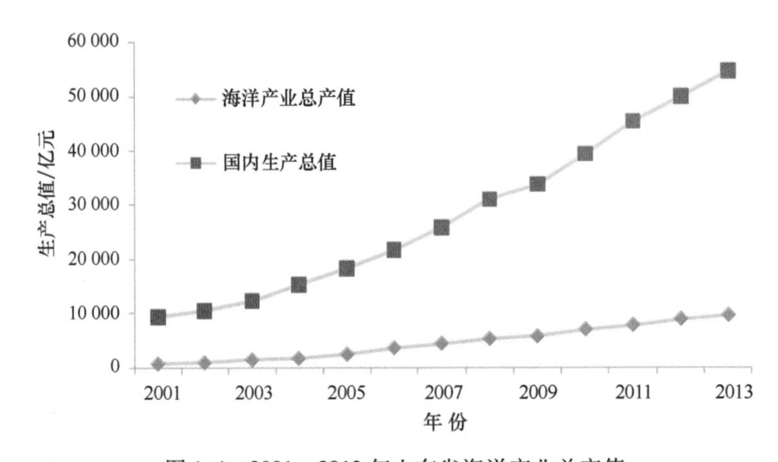

图 1.4 2001—2013 年山东省海洋产业总产值

海洋渔业产业战略性调整成效显著，第一产业比重下降，同时产业化、标准化、外向化水平不断提高，已逐步进入可持续发展的轨道。海洋第二产业规模不断扩大，质量和效益稳步提升。船舶工业集群效应初步显现，已基本形成了以青岛、烟台、威海为主的三大船舶和海洋工程装备制造基地。海洋化工主导产品市场占有率不断扩大，原盐、纯碱、烧碱、溴素等产品产量均居全国首位。现有规模以上盐化工和海洋化工企业 60 家，年销售收入在 500 亿元以上。滨海旅游、港口与海洋运输等海洋第三产业快速发展，年均增长速度都在 20%以上。滨海旅游业已成为山东沿海地区国民经济发展的重要支柱产业之一。山东沿海现有港口 26 处，总吞吐量超过 7×10^8 t，青岛港、日照港和烟台港均成为亿吨大港，其中青岛和日照港位列国内 10 强。山东省已初步形成了以青岛港、日照港和烟台港为枢纽港，龙口港、威海港为地区性重要港口，潍坊、蓬莱等中小港口为补充的现代化港口群。总体而言，山东省海洋产业正处于成长期，产业结构正从以传统海洋产业为主向海洋高新技术产业逐步崛起与传统海洋产业改造相结合的态势发展。

2）河北省海洋经济发展状况

河北地处环渤海经济区的核心地带，是我国重要的沿海省份之一。大陆海岸线长 487 km，有海岛 132 个，海岛岸线长 199 km，管辖海域面积超过 7 000 km^2。

随着改革开放的深入，河北省沿海地区海洋经济有了一定程度的发展。1995 年，海洋产业总值达 40.26 亿元，占全省地区生产总值的 1.41%。随着“两环开放带动”战略的实施，海洋经济得到了快速发展，到 2000 年，海洋产业总值达 69.19 亿元，但这一时期海洋经济总产值规模还比较小，占全省地区生产总值的比重仍比较低，海洋产业总值占全省地区生产总值的比重仅为 1.36%。到了 2005 年，海洋产业总值达 324.58 亿元，占全省地区生产总值的 3.21%。

表 1.5　2005—2013 年山东省海洋生产总值构成

年份	海洋第一产业		海洋第二产业		海洋第三产业	
	产值/亿元	比重（%）	产值/亿元	比重（%）	产值/亿元	比重（%）
2005	498	20	921	37	1 071.3	43
2006	306.9	8.3	1 786.4	48.6	1 585.9	43.1
2007	340.1	7.6	2 155.8	48.1	1 982	44.3
2008	384.9	7.2	2 630.3	49.2	2 331	43.6
2009	406.6	7.0	2 890.8	49.7	2 522.6	43.3
2010	444.0	6.3	3 552.2	50.2	3 078.3	43.5
2011	540.9	6.7	3 961.9	49.3	3 526.3	43.9
2012	648.7	7.3	4 362.8	48.6	3 960.6	44.1
2013	715.7	7.4	4 593.9	47.4	4 386.6	45.2

资料来源：2006—2014 年中国海洋统计年鉴。

2006 年，河北省提出“建设经济社会发展省”的战略目标，加快转变发展方式，调整优化经济结构，充分发挥沿海地区优势，加快工业向沿海转移，推动沿海经济带加速崛起。这一时期，海洋开发区域布局日趋合理，以港口为依托，加快工业向沿海转移，秦皇岛、唐山、沧州 3 市的临港经济技术开发区得到快速发展，以沧州临港化工业、唐山临港重化工业、秦皇岛滨海旅游业为特色的区域经济布局逐步形成。曹妃甸国家级循环经济示范区和沧州渤海新区建设加快推进，逐步成为河北省海洋经济发展的示范区和带动区。2006 年河北省海洋生产总值达到 1 092.1 亿元，到 2008 年上升到1 396.6亿元，由于受全球金融危机的影响，2009 年海洋经济总值下降到 922.9 亿元，2010 年有所回升，达 1 152.9 亿元，但仍未达到 2008 年的水平，海洋生产总值占全省 GDP 的比重由 2006 年的 9.4%下降到 2010 年的 5.7%。

2006—2010 年，海洋生产总值年均增长率为 1.36%，其中，海洋第一产业增加值从24.8亿元增长到47.1亿元，年均增长率为17.39%；海洋第二产业增加值从554.0亿元增长到653.8亿元，年均增长率为4.23%；海洋第三产业增加值从513.4亿元下降到452.1亿元，年均增长率为-3.13%。海洋第一、第二、第三产业比重由2006年的2.3∶50.7∶47.0转变为4.1∶56.7∶39.2，海洋产业结构呈现“二、三、一”型。

2013年，河北省海洋生产总值达到1 741.8亿元，海洋生产总值占全省GDP的比重达到6.2%，仍低于2006年海洋生产总值占全省GDP的比重（9.4%）。

此外，近几年河北省海洋基础设施建设快速推进，至2010年年底，全省沿海港口生产性泊位达到116个，比2005年增加36个；万吨级以上泊位达到97个，所占比例达到83.6%，比2005年上升1个百分点；煤炭、矿石、原油、集装箱等专业化泊位达到51个，设计通过能力达到40 745×10^4 t/30×10^4TEU。完成货物吞吐量6×10^8 t，比2005年翻一番。

表1.6　1995—2013年河北省海洋生产总值及占全省GDP的比重

年份	海洋生产总值/亿元	全省生产总值/亿元	海洋生产总值/沿海地区生产总值（%）
1995	40.26	2 849.5	1.41
1996	54.50	3 453.0	1.58
1997	60.31	3 953.8	1.53
1998	60.15	4 256.0	1.41
1999	56.60	4 569.2	1.24
2000	69.19	5 089.0	1.36
2001	82.62	5 577.8	1.48
2002	127.30	6 076.6	2.09
2003	182.50	7 098.56	2.57
2004	279.24	8 768.79	3.18
2005	324.58	10 116.60	3.21
2006	1 092.1	11 618.1	9.4
2007	1 232.9	13 698.9	9.0
2008	1 396.7	16 240.7	8.6
2009	922.9	17 090.7	5.4
2010	1 152.9	20 226.3	5.7
2011	1 451.4	24 515.76	5.9
2012	1 622	26 575.01	6.1
2013	1 741.8	28 093.5	6.2

资料来源：1996—2014年中国海洋统计年鉴。

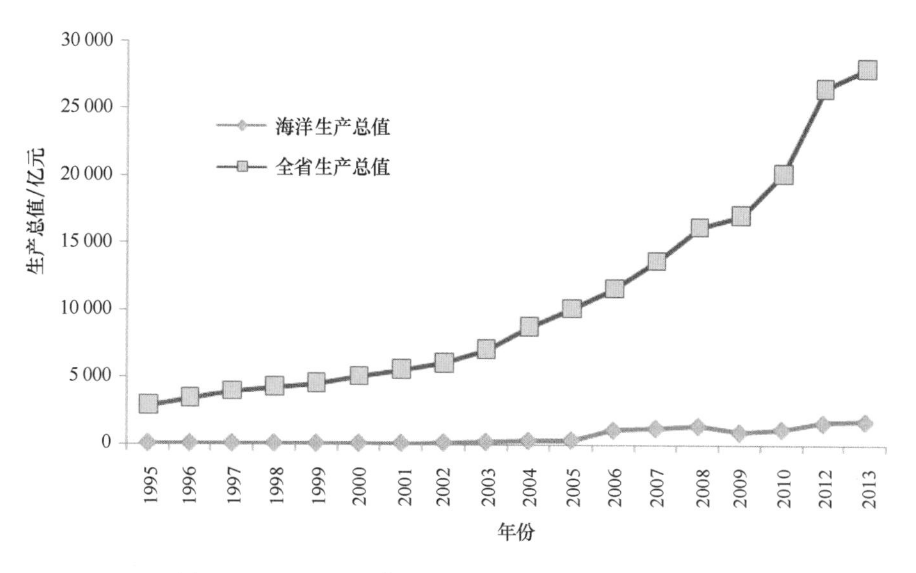

图 1.5　1995—2013 年河北省海洋生产总值和 GDP 趋势

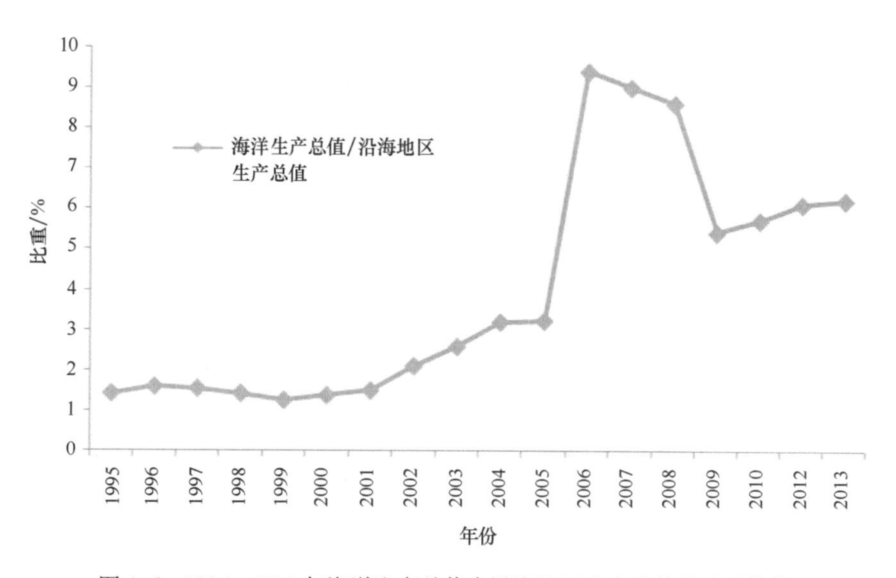

图 1.6　1995—2013 年海洋生产总值占沿海地区生产总值的比重趋势

表 1.7　2006—2013 年河北省海洋经济状况

年份	海洋生产总值/亿元	第一产业/亿元	第二产业/亿元	第三产业/亿元	海洋生产总值占沿海地区生产总值比重（%）
2006	1 092. 1	24. 8	554	513. 4	9. 4
2007	1 232. 9	23. 1	633. 7	576. 1	9
2008	1 396. 7	26. 6	717. 8	652. 3	8. 6
2009	922. 9	37. 1	503. 4	382. 4	5. 4

续表

年份	海洋生产总值/亿元	第一产业/亿元	第二产业/亿元	第三产业/亿元	海洋生产总值占沿海地区生产总值比重（%）
2010	1 152. 9	47. 1	653. 8	452. 1	5. 7
2011	1 451. 4	61. 1	813. 7	576. 5	5. 9
2012	166 622	70. 9	876. 3	674. 7	6. 1
2013	1 741. 8	77. 9	911. 4	752. 5	6. 2

资料来源：2007—2014 年中国海洋统计年鉴。

3）辽宁省海洋经济发展状况

（1）辽宁省国民经济发展情况

辽宁省是国家提出“振兴东北老工业基地”的重要省份，围绕“一个中心、两大基地、三大产业”，已建设成为国家现代装备制造业和重要原材料工业基地。进入 2000 年后，辽宁省的经济发展一直保持平稳快速增长态势。

2001—2005 年，辽宁省 GDP 由 5 033. 1 亿元增长到 8 009 亿元，经济保持平稳增长。2006—2010 年，辽宁省 GDP 由 9251. 2 亿元增长到 18 457. 3 亿元，增长了 2 倍。2010 年辽宁省生产总值蝉联全国第七，增幅高于全国平均水平 3. 8 个百分点。2014 年辽宁省 GDP 达到 28 626. 6 亿元，是 2001 年的 5. 7 倍，人均国民生产总值达到 65 188 元，是 2001 年的 5. 4 倍。

表 1. 8　2001—2014 年辽宁省 GDP 及三次产业产值

年份	GDP 生产总值/亿元	产业类型			人均生产总值/元
		第一产业/亿元	第二产业/亿元	第三产业/亿元	
2001	5 033. 1	544. 4	2 440. 6	2 048. 1	12 015
2002	5 458. 2	590. 2	2 609. 9	2 258. 2	13 000
2003	6 002. 5	615. 8	2 898. 9	2 487. 9	14 270
2004	6 672. 0	798. 4	3 061. 6	2 812. 0	15 835
2005	8 009. 0	882. 4	3 953. 3	3 173. 3	18 983
2006	9 251. 2	976. 4	4 729. 5	3 545. 3	21 788
2007	11 023. 5	1 133. 4	5 853. 1	4 037. 0	25 729
2008	13 461. 6	1 302. 0	7 512. 1	4 647. 5	31 258
2009	15 212. 5	1 414. 9	7 906. 3	5 891. 3	35 149
2010	18 457. 3	1 631. 1	9 976. 8	6 849. 4	42 355
2011	22 025. 9	1 915. 6	12 150. 7	7 959. 6	50 253
2012	24 801. 3	2 155. 8	13 338. 7	9 306. 8	56 508
2013	27 077. 7	2 321. 6	14 269. 5	10 486. 6	61 680
2014	28 626. 6	2 285. 8	14 384. 6	11 956. 2	65 188

资料来源：2001—2014 年辽宁省国民经济和社会发展统计公报。

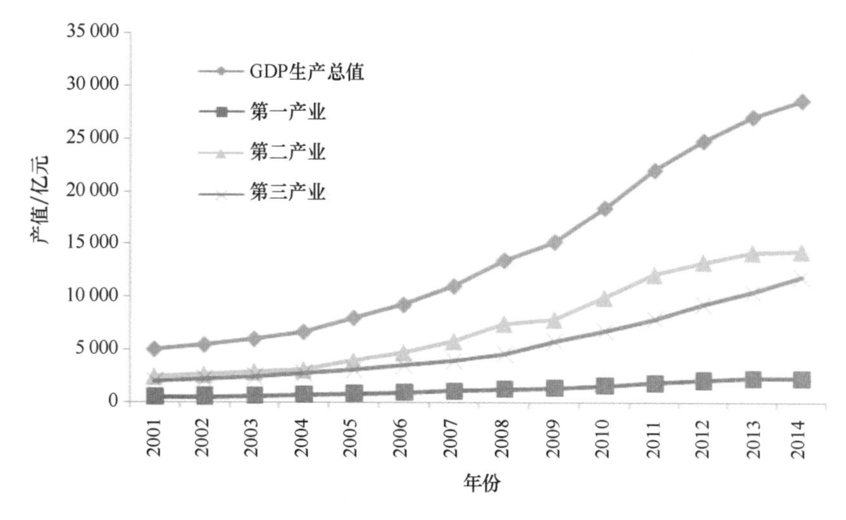

图1.7　2001—2014年辽宁省GDP及三次产业产值发展趋势

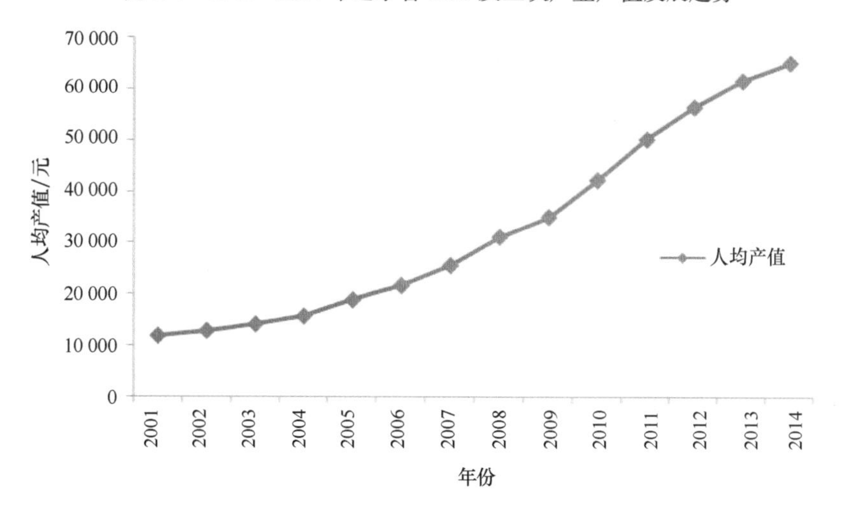

图1.8　2001—2014年辽宁省人均GDP发展趋势

（2）辽宁省海洋经济发展情况

辽宁省是海洋大省，海洋资源比较丰富。“十一五”时期，辽宁省沿海地区发挥海洋资源优势，大力推进海洋经济发展，加快海洋产业建设，实现了建设“海上辽宁”，从战略目标提出到具体实践和全面实施的历史跨越，辽宁沿海经济带建设上升为国家战略，海洋经济发展方式发生重大转变，海洋经济新增长点充满生机活力，传统海洋产业发展创历史性新高，新兴海洋产业突破性发展，全省海洋经济总量持续又好又快增长。

从表1.9可以看出，从1995—2014年近20年的时间，辽宁省GDP由2 793.37亿元，上升到28 626.6亿元，增加了近10倍；辽宁省沿海城市GDP由856.98亿元，上升到 14 076.6 亿元，增加了近 16 倍。可见，辽宁沿海城市的发展速度超过了辽宁省的平均发展速度。

表 1.9 1995—2014 年辽宁省沿海城市 GDP 及占全省比例

年份	辽宁省 GDP/亿元	辽宁省各沿海城市 GDP/亿元	沿海城市 GDP 占全省比例（%）
1995	2 793.37	856.98	30.68
1996	3 157.69	942.90	29.86
1997	3 582.46	1 084.52	30.27
1998	3 881.74	1 157.75	29.83
1999	4 171.70	1 235.29	29.61
2000	4 669.06	1 376.35	29.48
2001	5 033.08	1 556.26	30.92
2002	5 458.30	1 631.50	29.89
2003	6 002.54	2 978.65	49.62
2004	6 672.65	3 500.58	52.46
2005	8 009.00	3 980.92	49.71
2006	9 257.05	4 729.90	51.10
2007	11 023.50	5 145.20	46.67
2008	13 461.60	6 258.50	46.49
2009	15 212.5	7 613.74	50.05
2010	18 457.3	9 259.9	50.17
2011	22 025.9	11 105.0	50.42
2012	24 801.3	12 646.7	50.99
2013	27 077.7	13 742.3	50.75
2014	28 626.6	14 076.6	49.17

资料来源：1995—2014 年辽宁省国民经济和社会发展统计公报；1995—2014 年辽宁省各市 GDP 及指数。

从 20 世纪末起，辽宁省的海洋产业保持着良好的发展状态，主要海洋产业产值一致保持着快速增长的趋势，从 1999 年的 277.97 亿元增长到 2013 年的 3 741.9 亿元，增长了约 12.5 倍。辽宁省海洋产业总产值占全省 GDP 的比重总体处于上升趋势。

目前对于区域海洋经济产业结构的分类主要有三个产业：传统、新兴、未来海洋产业。辽宁省海洋产业结构明显优化，已形成海洋渔业、海洋交通运输业、滨海旅游业、船舶修造业、海洋化工业和海洋油气业六大海洋产业，海洋生物制药、海水综合利用等新兴产业也成为新亮点。辽宁省海洋第一产业是指海洋渔业；第二产业是指海洋油气业、海洋盐业、海洋化工业、海洋生物医药业、海洋船舶制造工业、海洋工程建筑业；第三产业是指海洋交通运输业和滨海旅游业。1999—2013 年各产业产值情况见表 1.10。根据 1999—2013 年辽宁省海洋经济三次产业的比重变化情况，可见 1999—

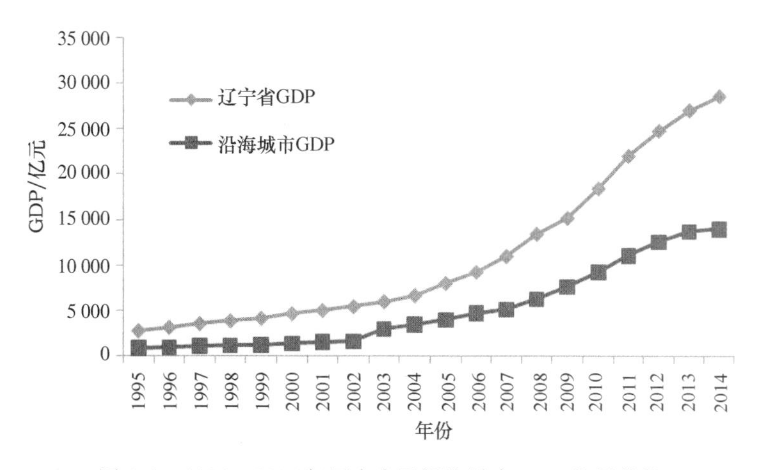

图 1.9　1995—2014 年辽宁省及沿海城市 GDP 发展趋势

2007 年第一产业在国民经济发展中的比重呈下降的趋势，2007 年以后基本平稳；1999—2008 年第二产业在国民经济发展中的比重呈逐年上升的趋势，2008 年以后呈缓慢下降的趋势；1999—2013 年第三产业在国民经济发展中的比重呈逐年上升的趋势。

表 1.10　1999—2013 年辽宁省海洋生产总值及三次产业构成　　单位：亿元

年份	海洋生产总值	海洋第一产业	海洋第二产业	海洋第三产业
1999	277.97	192.35	59.38	26.24
2000	326.58	211.3	56.57	58.71
2001	362.37	245.8	67.27	49.3
2002	459.33	299.95	79.95	79.43
2003	618.41	417.44	81.52	119.45
2004	963.82	446.04	194.13	323.65
2005	1 081.1	490.59	272.62	317.89
2006	1 492.11	546.8	406.51	538.8
2007	1 761.59	248.5	752.06	761.03
2008	2 012.26	251	1 012.4	748.86
2009	2 281.2	330.8	982.8	967.6
2010	2 619.6	315.8	1 137.1	1 166.7
2011	3 345.5	437.1	1 445.7	1 462.7
2012	3 391.7	447.0	1 339.7	1 605.1
2013	3 741.9	499.6	1 402.7	1 839.6

资料来源：2000—2009 辽宁省统计年鉴及辽宁省海洋经济统计年鉴，2010—2014 年中国海洋统计年鉴。

表 1.11 1999—2013 年辽宁省海洋三次产业产值比重 %

年份	海洋第一产业	海洋第二产业	海洋第三产业
1999	69.20	21.36	9.44
2000	64.70	17.32	17.98
2001	67.83	18.56	13.60
2002	65.30	17.41	17.29
2003	67.50	13.18	19.32
2004	46.28	20.14	33.58
2005	45.38	25.22	29.40
2006	36.65	27.24	36.11
2007	14.11	42.69	43.20
2008	12.47	50.31	37.21
2009	14.50	43.08	42.42
2010	12.06	43.41	44.54
2011	13.1	43.2	43.7
2012	13.18	39.50	47.32
2013	13.35	37.49	49.16

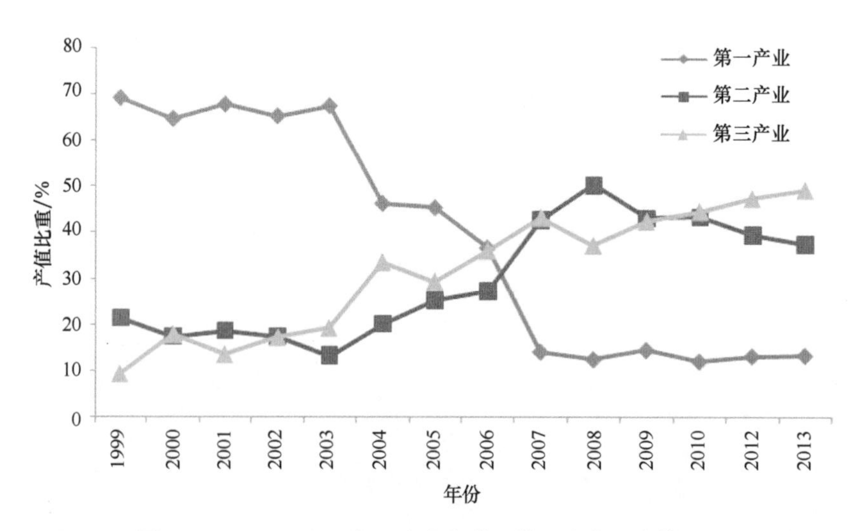

图 1.10 1999—2013 年辽宁省海洋经济三次产业产值比重

辽宁省海洋经济虽然发展较快，带动了当地经济的发展，但也存在区域分块问题，地区经济分布不均。根据于森等的研究，锦州在 1999 年以前是以渔业为主要海洋产业，2008 年之后增加了滨海旅游和海洋交通运输两个产业；大连、营口、葫芦岛、盘锦在 1999 年以前海洋产业类型也比较单一，经过几年对海洋资源的开发利用，到 2009

年海洋产业类型发展到以 3 个或 4 个产业为主。可见，这几个沿海城市的海洋产业结构得到了优化升级并逐渐趋于多元化，并且各市海洋产业结构由多元转变过程中，伴随着各地海洋三次产业结构也发生着变化，形成了自身各具特色的海洋产业结构。

表 1.12　1997—2008 年辽宁省沿渤海 5 市海洋经济产值及占省海洋经济总产值比重

单位：亿元

年份	辽宁省	大连	比重（%）	锦州	比重（%）	营口	比重（%）	葫芦岛	比重（%）	盘锦	比重（%）
1997	246.30	163.30	66.30	16.50	6.70	16.30	6.62	17.90	7.27	14.50	5.89
1998	250.18	178.68	71.42	14.60	5.84	14.57	5.82	18.14	7.25	11.87	4.74
1999	277.97	189.11	68.03	14.82	5.33	17.77	6.39	23.07	8.30	17.51	6.30
2000	326.58	217.53	66.61	20.03	6.13	22.96	7.03	31.99	9.80	9.96	3.05
2001	362.37	234.96	64.84	36.25	10.00	36.16	9.98	53.92	14.88	35.72	9.86
2002	459.33	308.43	67.15	30.10	6.55	29.90	6.51	40.50	8.82	24.80	5.40
2003	618.41	405.11	65.51	39.70	6.42	39.20	6.34	64.30	10.40	37.80	6.11
2004	963.82	596.82	61.92	60.90	6.32	60.40	6.27	93.70	9.72	70.70	7.34
2005	1 081.10	607.78	56.22	82.30	7.61	82.10	7.59	122.80	11.36	82.62	7.64
2006	1 492.11	630.08	42.23	72.33	4.85	72.14	4.83	113.55	7.61	75.47	5.06
2007	1 761.59	716.51	40.67	89.55	5.08	89.34	5.07	125.48	7.12	93.42	5.30
2008	2 012.26	803.98	39.95	226.76	11.27	226.53	11.26	277.41	13.79	241.37	11.99

数据来源：2000—2010 年辽宁省统计年鉴及辽宁省海洋经济统计年鉴。

从表 1.12 中可以看出，1997—2008 年辽宁省 5 个沿海市海洋经济具有明显的增长。但是，各市海洋经济发展存在较大差异；大连是辽宁省海洋经济最为发达的地区，集中了辽宁省海洋经济总产值的一半以上，虽然从 2006 年大连市占全省海洋经济总产值的比重有所下降，但由于环境基础良好，所以大连市的海洋经济仍处于领先地位，而除大连外的其他 4 市海洋经济虽然产值总量较小但也得到了迅速增长。

此外，辽宁省海洋基础设施建设发展迅猛，全省沿海港口依托东北地区腹地经济，规模持续增长，初步形成了以大连、营口港为主要港口，丹东、锦州港为地区性重要港口，盘锦、葫芦岛港为一般港口的沿海港口布局。2010 年全省港口完成货物吞吐量 6.8×10^{8} t，其中，集装箱吞吐量 962×10^{4} TEU。渔港建设也得到快速发展，仅大连就有 4 座国家中心渔港和 5 座国家一级渔港投入建设；丹东、盘锦、锦州和葫芦岛等地的国家级渔港建设也逐步展开。

陆海经济互动格局清晰，周边海域港口运输业、海水养殖及深加工业和滨海旅游业等发展迅速，已成为我国海洋经济发展最具活力的区域之一。辽河三角洲海洋经济区和辽西海洋经济区积极培育海洋油气业，大连长兴岛临港工业区、辽宁（营口）沿海产业基地（含盘锦船舶工业基地）、辽西锦州湾沿海经济区（含锦州西海工业区和葫芦岛北港工业区）、辽宁丹东产业园区以及大连花园口工业园区等功能区域格局清晰，陆海经济互动统筹开发建设迅速。

4）天津市海洋经济发展状况

（1）天津市海洋产业发展情况

自20世纪90年代以来，在海洋高新技术产业化发展的推动下，天津市海洋产业不断扩大，目前已经发展成为系统的海洋产业群，并在天津市经济增长中发挥越来越重要的作用，成为天津市经济发展的新的增长点。

自2001—2006年，天津市海洋经济总产值占全市经济GDP总量中的比重逐年增加，到2006年已达到39.57%；2006年后随着海洋经济结构的不断调整，天津市海洋经济总产值占全市经济GDP总量中的比重呈现一个缓慢增加的发展态势。

表1.13 2001—2013年天津市海洋生产总产值占天津市GDP比重一览

年份	天津市生产总值/亿元	海洋生产总值/亿元	海洋生产总值占全市GDP比重（%）
2001	1 826.67	268.65	14.7
2002	2 022.6	416.08	20.6
2003	2 447.66	568.07	23.2
2004	3 111	1051.47	33.8
2005	3 697.62	1 463.21	39.6
2006	4 337.7	1 369	31.4
2007	5 050.5	1 601	31.7
2008	6 359.3	1 888.7	29.7
2009	7 519.5	2 158.1	28.7
2010	9 211.9	3 021.5	32.8
2011	11 307.28	3 519.3	31.1
2012	12 893.88	3 939.2	30.6
2013	14 370.16	4 554.1	31.7

天津市海洋产业类型主要有海洋渔业、海洋交通运输业、海洋旅游业、海洋油气产业、海洋造船业、海盐业、海洋化工业等。此外，还有一些新兴的海洋产业正在逐步发展，如海水利用业、海洋生物医药业等。天津市的海洋第一产业包括海洋捕捞、海水养殖及其相关产业；第二产业包括海水制盐、船舶工业、油气开采、海水化工等；第三产业包括海洋运输、滨海旅游及其他产业。2001—2005年，天津市海洋产业主要以第三产业为主，且呈现逐年递增态势，其次为第二产业，海洋第一产业所占比重最低。随着天津滨海新区的开发，天津的海洋经济产业结构也发生了转变，自2006年起，天津市海洋产业结构呈现出以第二产业为主导，第三产业为辅，第一产业所含比重呈现不断降低趋势。

表 1.14　2001—2013 年天津市海洋产业结构比值一览　%

年份	海洋第一产业	海洋第二产业	海洋第三产业
2001	2.62	46.45	50.93
2002	1.99	42.75	55.26
2003	1.77	41.00	57.22
2004	0.9	30.13	68.97
2005	0.64	32.48	66.88
2006	0.30	65.8	33.9
2007	0.30	64.4	35.3
2008	0.30	66.4	33.3
2009	0.20	61.6	38.2
2010	0.20	65.5	34.3
2011	0.2	68.5	31.3
2012	0.20	66.7	33.2
2013	0.19	67.3	32.5

资料来源：2002—2014 年中国海洋统计年鉴。

（2）天津滨海新区产业类型特征和 GDP

随着天津滨海新区被纳入国家战略，天津的海洋事业迎来了发展的“春天”，由于滨海新区 1993 年才开始发布 GDP 统计年鉴，之前数据由于前后出处依据不一致此处不再分析。从 1993—2010 年天津市滨海新区 GDP 及产业组成各自 GDP 贡献变化情况（表 1.15 和图 1.11）可以看出：①统计年鉴显示 1993 年时天津滨海新区 GDP 只有区区的 112.36 亿元（人均 GDP 为 1.23 万元），而到了 2010 年滨海新区 GDP 已经高达 5 030.11亿元（人均 GDP 为 45.23 万元），前后 17 年来增速迅猛，总体增长 4 917.75 亿元，增长了 43.77 倍，年均增幅也高达 257.46%。②1993—2000 年为数据缓慢增长期，从 2000 年起滨海新区 GDP 连年上新的台阶。③滨海新区 GDP 组成中最主要的组成部分为第二产业（采矿业、制造业、电力、燃气及水的生产和供应业、建筑业）和第三产业（交通运输、仓储和邮政业、信息传输、计算机服务和软件业、批发和零售业、住宿和餐饮业、金融业、房地产业、租赁和商业服务业、科学研究、技术服务和地质勘查业、水利、环境和公共设施管理业、居民服务和其他服务业、教育、卫生和社会福利业、文化、体育和娱乐业、公共管理和社会组织），尤其是第二产业始终保持着 2 倍于第三产业的速度飞速增长，相比第二、三产业的高速发展，第一产业农林牧副渔的发展非常缓慢；这主要与滨海新区的区位优势和功能定位关系密切，由于滨海新区坐拥天津港，区位优势明显，交通运输、仓储和邮政业，第二、第三产业相对发达，而滨海新区的自然条件又制约了第一产业的发展。

表 1.15 1993—2014 年滨海新区 GDP 及组成变化一览

年份	GDP/亿元				人均 GDP /（万元/人）	备注
	第一产业	第二产业	第三产业	总量		
1993	2.43	74.09	35.84	112.36	1.23	所有数据全部来源于天津市政府发布的官方统计年鉴
1994	3.36	114.55	50.75	168.66	1.84	
1995	4.74	166.9	70	241.64	2.60	
1996	4.84	224.78	90.67	320.29	3.43	
1997	4.9	262.72	114.42	382.04	4.08	
1998	5.36	264.41	146.81	416.58	4.41	
1999	4.83	299.8	163.26	467.89	4.89	
2000	5.2	383.45	183.09	571.74	5.93	
2001	5.67	454.22	225.43	685.32	7.05	
2002	6.09	576.06	280.3	862.45	8.79	
2003	7.3	697.66	341.34	1 046.3	10.58	
2004	7.91	878.85	436.5	1 323.26	13.24	
2005	7.28	1 098.86	517.12	1 623.26	16.04	
2006	7.51	1 370.77	582.21	1 960.49	18.82	
2007	7.15	1 694.84	662.09	2 364.08	22.29	
2008	7.54	2 246.24	848.46	3 102.24	28.79	
2009	7.43	2 569.87	1 233.37	3 810.67	34.66	
2010	8.17	3 432.81	1 589.12	5 030.11	45.23	
2011	8.82	4 273.89	1 924.15	6 206.87	—	
2012	9.36	4 857.76	2 338.05	7 205.17	—	
2013				8 020.4		
2014	10.95	5 828.43	2 920.77	8 760.15	30.27	

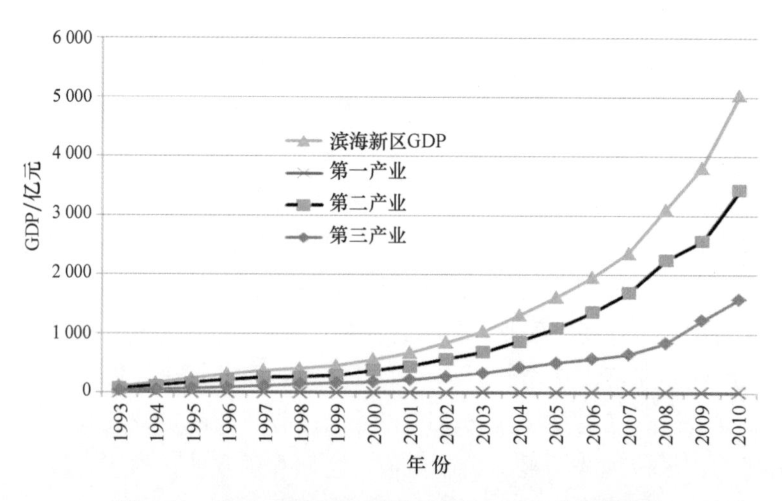

图 1.11 1993—2010 年滨海新区 GDP 及组成变化趋势

1.2　环渤海区域海洋资源概况

1.2.1　渔业资源

环渤海区渔业生物资源基本可划分为两个生态类群，即地方性渔业资源和洄游性渔业资源。地方性渔业资源主要栖息在河口、岛礁和浅水区，随着水温的变化，作季节性深-浅水生殖、索饵和越冬移动，移动距离较短，洄游路线一般不明显。属于这一类型的种类较多，多为暖温性和冷温性，如海蜇、毛虾、短蛸、长蛸、三疣梭子蟹、玉筋鱼、鲆鲽类、花鲈、鳐类、大泷六线鱼、梅童类、叫姑鱼、多鳞鱚、鲱、大头鳕等。洄游性渔业资源，主要为暖温性和暖水性种类，分布范围较大，洄游距离长，有明显的洄游路线。在春季水温开始升高时，由黄海中南部和东海北部的深水区洄游至渤海和黄海近岸浅水区。在秋季当水温下降时，鱼群陆续游向水温较高的深水区越冬场越冬。这一类种类数不如前一类多，但资源量较大，为黄渤海的主要种类，如蓝点马鲛、鲐、银鲳、鳀、黄鲫、鳓鱼、带鱼、小黄鱼、黄姑鱼、中国对虾、鹰爪虾、金乌贼和太平洋褶柔鱼等。

黄海渔业生物资源的优势种为鳀、鲐、细纹狮子鱼、脊腹褐虾、玉筋鱼、银鲳、太平洋褶柔鱼、黄鮟鱇、黄鲫、高眼鲽等。

渤海渔业生物资源的优势种不如黄海明显，占总渔获量超过 2% 的种类由鳀、黄鲫、青鳞沙丁鱼、小带鱼、小黄鱼、银鲳、蓝点马鲛、赤鼻棱鳀、口虾蛄、花鲈、三疣梭子蟹、细纹狮子鱼和短蛸等。

1.2.2　海洋油气资源

在海洋经济产业构成中，海洋油气开发是新兴海洋产业。在渤海海洋经济构成中，海洋油气占渤海海洋经济总量的 8.5%，占渤海新兴海洋产业构成的 19.4%。渤海海洋油气资源的开发利用，不但能缓解我国油气安全问题，同时也为经济快速增长的渤海经济区的发展提供物质基础。

渤海的油气资源丰富，海上油气田与沿岸的胜利、大港和辽河三大油田构成了我国第二大产油区。渤海油气盆地，面积约 8×10^4 m^2，是辽河油田、大港油田和胜利油田向渤海的延伸，也是华北盆地新生代沉积中心，沉积厚度达 10 000 m 以上。海域内有 14 个构造带和 230 多个局部构造，是我国油气资源比较丰富的海域之一。

环渤海地区是我国第二大产油区，探明的石油储量超过 40×10^8 t，天然气储量超过 1 300×10^8 m^3，油气资源丰富，海洋石油勘探开发作业活动密集。从 20 世纪 60 年代开始对渤海油气资源进行勘探，经过二三十年的勘探，具有一定储量的油田不断被发现，形成了油田产业群。如锦州 20-2、绥中 36-1、渤中 28-1、渤中 34-2/4、曹妃甸 11-6、旅大 5-2 和 10-1。尤其是从 1995—2001 年在上第三系地层发现的秦皇岛 32-6、南堡35-2、曹妃甸11-1、曹妃甸12-1、锦州9-3、旅大37-2、渤中25-1、蓬莱25-6、蓬莱19-3共计9个亿吨级和近亿吨级大油田，其中蓬莱19-3油田的储量达到6×10^8 t，是继大庆油田之后发现的最大整装油田，为在渤海建设中国北方重要能源基地，提供了可靠的储量保证。截至2010年年底，渤海油田累计发现三级石油地质储量近50×10^8 t，发现了蓬莱19-3、绥中36-1、秦皇岛32-6、渤中25-1、金县1-1、锦州25-1/南等数个亿吨级大油田，形成四大生产油区和8个生产作业单元，在生产油田超过50个，拥有各类采油平台100余座。截至2012年年底，渤海油田累计发现三级地质储量约55×10^8 t油气当量，累计向国家贡献原油1.91×10^8 t。2010—2012年，渤海油田连续3年达到年产量$3\,000\times10^4$ t油当量，27×10^8 m^3的气当量。

1.2.3 港口航运资源

目前，在我国五大港口群中，环渤海港口密度最大。在环渤海地区5 800 km的海岸线上，目前有大小60多个港口。根据空间分布状况，环渤海港口群大致可分为三大子港口群：一是东北港口群，以大连港为核心的葫芦岛、锦州港、营口港、丹东港为主要支线港；二是山东港口群，以青岛港为核心，以龙口港、威海港和烟台港为主要支线港；三是津冀港口群，以天津港为核心，以曹妃甸港、秦皇岛港、唐山港、黄骅港为主要支线港。这些港口的货物年吞吐量占全国沿海港口的40%，其中发送量占全国的60%，通过港口出口的外贸总量占全国的78%（图1.12）。

渤海地区港湾资源丰富，宜港岸线较长。自然港址数量达94处。可建中级以上泊位的港址数为52处，其中可建万吨级以上泊位的港址数为17处。优良的深水港湾在渤海地区主要分布在辽宁省和山东省，优良港湾主要有大连黄嘴子湾、大窑湾、小窑湾、芷锚湾、威海湾、石岛湾和胶州湾等。大连湾和胶州湾属构造湾，其特征是口窄湾阔，湾内潮汐作用显著，潮汐水道多为冲刷深槽，岸线较稳定，水深较大，但变化也较复杂，适于建大、中型港。渤海地区的芝罘湾、龙口湾属连岛坝湾，这种湾多发育在山地丘陵海岸的弱潮地区，水深变化小，一般属开阔海湾，可建大、中型港口，其特征是泥沙堆积在岛屿与陆地之间的波影区，形成连岛沙坝而围栏的海湾（表1.16）。

近年来，随着环渤海地区经济的兴起，对环渤海地区港口资源的开发利用也逐渐加快了步伐。经过近几十年的建设，我国港口基础设施有了明显的改善，基本形成了由主枢纽港为骨干、区域性中型港口为辅助、小型港口为补充的层次分明的港口布局体系。近年来，随着天津滨海新区及振兴东北等国家级战略的出台，渤海经济十分活跃，各港口都不同程度地在“质”和“量”两个方面得到了迅猛的发展（表1.17）。

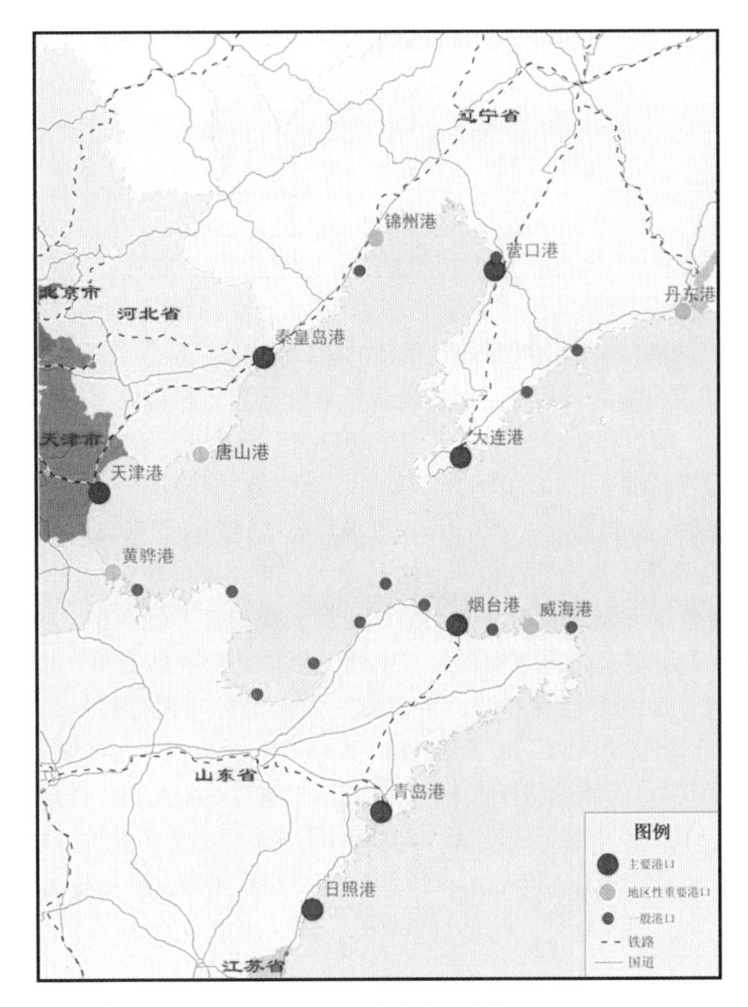

图1.12　环渤海港口分布

表1.16　环渤海各主要港口的腹地及货源情况

主要港口	腹地分布	货物类型
大连港	直接经济腹地为大连市，经济腹地也包括黑龙江、吉林、辽宁及内蒙古自治区东部的呼伦贝尔盟、哲里木盟和赤峰市	煤炭、石油、金属矿、钢铁、矿建材料、木材、粮食、滚装、集装箱
营口港	辽宁、吉林、黑龙江三省和内蒙古东部地区	矿石、钢铁、木材、水泥、粮食、建筑材料、化工材料及其制品
青岛港	青岛市、山东及河南、河北和山西部分地区	煤炭、矿石、原油、集装箱
烟台港	直接经济腹地主要是烟台市，间接腹地为山东、山西、河北、河南以及京津	集装箱、客货滚装、综合散杂货
天津港	经济腹地以京津、华北以及西北等地区为主，间接腹地包括山西、陕西、甘肃、宁夏、青海、新疆、内蒙古、西藏等地区	煤炭、粮食、杂货、矿石、集装箱、石化产品

表 1.17　2009—2012 年渤海沿岸各省、市港口吞吐总量　　单位：$\times 10^8$ t

年份	辽宁省	天津市	河北省	山东省
2009	5. 55	3. 81	5. 09	7. 03
2010	6. 79	4. 13	6. 03	9. 25
2011	7. 84	4. 53	7. 09	9. 62
2012	8. 85	4. 76	7. 5	10. 6

2011 年，全国港口货物吞吐量超过亿吨的港口增加到 26 个。其中，沿海亿吨港口 17 个，内河亿吨港口 9 个。其中环渤海地区年吞吐量超过亿吨的有天津、青岛、秦皇岛、大连、日照、烟台和营口港 7 个港口。2011 年，6 个港口的集装箱吞吐量超过百万 TEU，分别是青岛港（1 302. 01×10^4 TEU）、天津港（1 158. 76×10^4 TEU）、大连港（640. 03×10^4 TEU）和营口港（403. 30×10^4 TEU）、烟台港（170. 86×10^4 TEU）、日照港（139. 95×10^4 TEU）。

根据沿海各省、市公布的港口“十二五”发展规划，“十二五”期间，辽宁省将投资 900 多亿元，新建包括丹东海洋红、锦州龙栖湾、葫芦岛石河、盘锦荣兴等在内的 4 个重要港口，加上大连港和营口港，将实现 6 个亿吨大港目标，吞吐能力达到 10. 5×10^8 t，吞吐量达到 11×10^8 t。河北省到 2015 年，全省港口吞吐能力达到 8×10^8 t，吞吐量达到 10×10^8 t。天津港将投入 1 100 亿元用于港口功能提升，到 2015 年，港口吞吐量力争达到 6×10^8 t，集装箱吞吐量达 2 000×10^4 TEU；山东省继续加大港口建设，全省港航基建投资预算将达到 450 亿元，到 2015 年，沿海港口吞吐量将达到 10×10^8 t。

1. 2. 4　滨海旅游资源

环渤海地区拥有 5 800 km 余长的海岸线，地理位置优越，旅游资源类型多样，丰富多彩，不仅有山、泉、湖、洞等陆上自然旅游资源，还有“3S（阳光、沙滩、海水）”滨海旅游资源，以及辽阔的草原风光旅游资源，汇集成了海光山色独具风格的自然旅游景观。此外，环渤海地区还具有优越的历史人文旅游资源，具有较高的开发利用价值。

环渤海区域分布有 16 个沿海城市（包括天津、大连、青岛、烟台、秦皇岛、丹东、滨州、沧州、东营、葫芦岛、锦州、盘锦、唐山、威海、潍坊、营口）。在漫长的海岸线上分布着七大旅游细分区域：①以大连为中心的黄海北部海岸风光为特色的旅游带；②以营口熊岳为中心的辽南海滨与人文景观相辉映的旅游带；③以兴城为中心的辽西人文与海滨旅游带；④以秦皇岛和北戴河为中心的避暑疗养游览区；⑤以烟台、蓬莱为中心的海天风貌观赏区；⑥以青岛为中心的旅游疗养区；⑦天津的商务、近代观光旅游区。

据初步调查，我国有滨海旅游景点 1 500 多处，优质海滨沙滩 100 多处，环渤海区域占有以上资源均在 30%以上。《中国旅游百科全书》所列 6 处优质的滨海旅游资源——兴城海滨、青岛海滨、北戴河海滨、大连海滨、三亚海滨、北海海滨，其中前 4 处都位于环渤海地区内。

经过近几十年的发展，环渤海地区旅游经济已开始从数量型扩张向效益型转变发展，环渤海地区的旅游业发展将按照“一核一带三圈”和“五群五区”的体系，逐渐构建环渤海区域性的旅游发展空间构架。

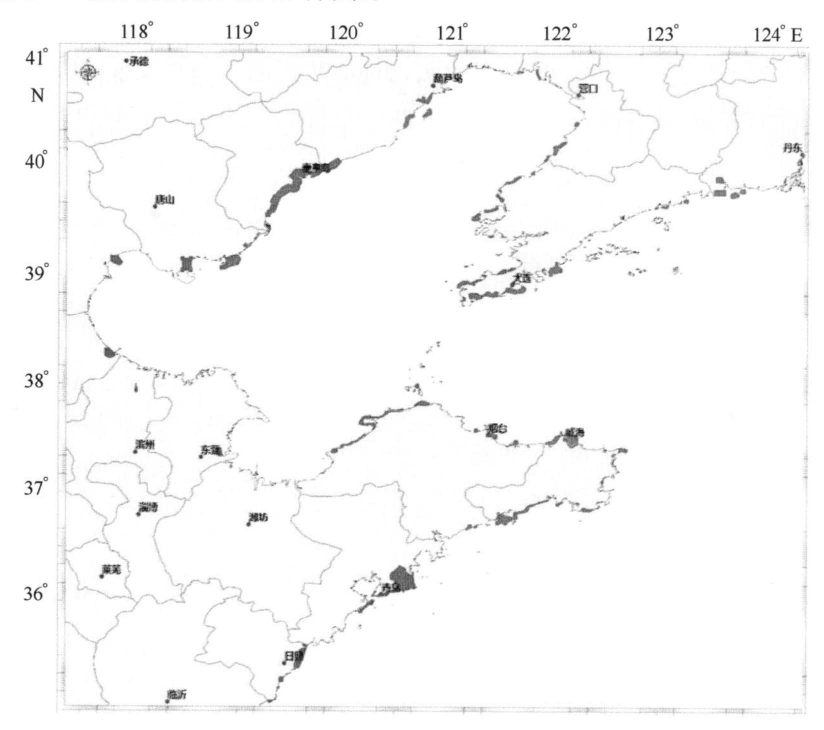

图 1.13　环渤海区旅游资源分布

1.2.5　海砂资源

渤海海砂资源丰富，是我国重要的海砂资源区。根据王鹏的研究结果，渤海海砂资源主要分布在辽东半岛南部和西部海域、辽东湾东西两侧以及莱州浅滩，分布面积约 12 800 km^2，按照地理分布划分为 7 个海砂资源区，分别为渤海海峡北部海砂资源区、辽东浅滩海砂资源区、辽东湾东岸海砂资源区、兴城—绥中近岸海砂资源区、秦皇岛近岸海砂资源区、曹妃甸海砂资源区、莱州浅滩海砂资源区。在 7 个海砂资源区中，具有海砂开采价值的是辽东湾东岸海砂资源区、兴城—绥中近岸海砂资源区、秦皇岛近岸海砂资源区、曹妃甸海砂资源区以及莱州浅滩海砂资源区。兴城—绥中近岸海砂资源区砂层平均厚度为 14.2 m，海砂资源量为 337.0×10^8 m^3，辽东湾东岸海砂资源区北部砂层平均厚度为 7.1 m，海砂资源量为 59.9×10^8 m^3，辽东湾东岸海砂资源区南部砂层的平均厚度为 3.4 m，海砂资源量为 30.1×10^8 m^3。辽东湾东岸海砂资源区普通角闪石和绿帘石含量较高，近岸沉积物平均粒径较大，沉积物类型多为中粗砂，细砂—砾含量高于75%的区域占到了海砂资源区面积的15.6%。兴城—绥中近岸海砂资源区钛铁矿和磁铁矿含量较高，近六股河河口处沉积物平均粒径较大，沉积物类型多为中粗砂，细砂—砾含量高于75%的区域占到了海砂资源区面积的12.7%；秦皇岛近岸海砂资源区和曹妃甸海砂资源区石榴石含量较高，沉积物类型多为中细砂，细砂—砾含量高于75%的区域分别占各自海砂资源区面积的47.0%和30.3%；莱州浅滩海砂资源区中部平均粒径较大，沉积物类型多为粗砂或中粗砂，细砂—砾含量高于75%的区域占到了海砂资源区面积的41.4%（图1.14）。

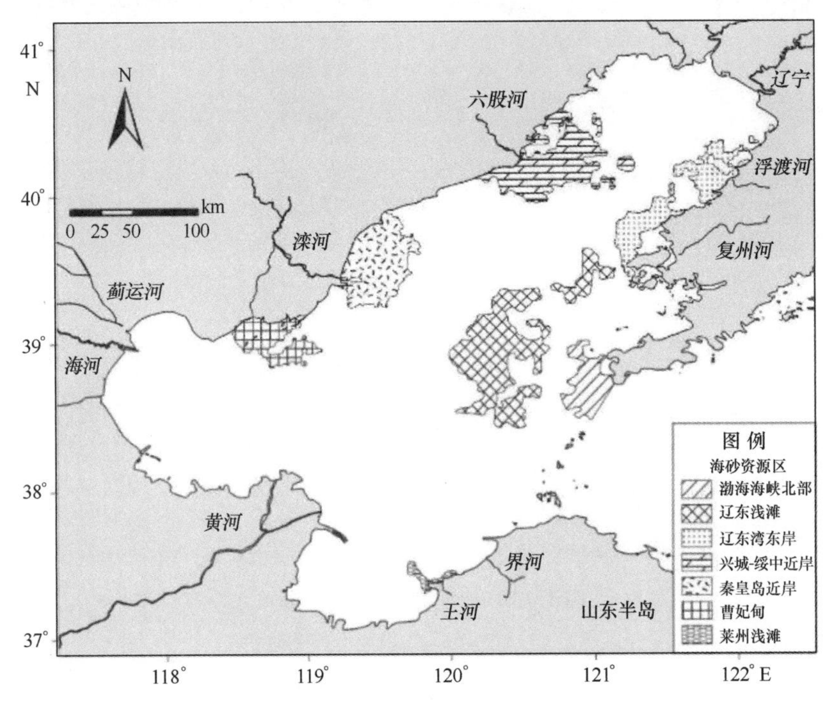

图1.14 渤海海砂资源区分布

资料来源：王鹏，2013

1.3 环渤海区域海洋环境状况

2014年，环渤海区域海洋环境质量总体状况较好，近岸局部海域环境污染较重。近岸海水环境主要超标物质为无机氮和活性磷酸盐。近岸海域典型生态系统生物多样性和群落结构基本稳定，多数典型生态系统仍处于亚健康状态，个别典型生态系统处于不健康状态。

1.3.1　近岸海域海洋环境质量

1）海水环境

2014 年，渤海海水环境质量状况总体一般，近岸海域海水环境污染依然严重。春季、夏季和秋季劣四类海水水质标准的海域面积分别为 6 160 km^2、5 750 km^2 和 6 000 km^2，均小于渤海海域面积的 8%，主要分布在辽东湾、渤海湾和莱州湾近岸海域（表 1.18，图 1.15~图 1.17）；黄海中北部海水环境质量状况总体良好。春季、夏季和秋季超第二类海水水质标准的海域面积分别为 3 570 km、2 080 km 和 3 580 km，较 2013 年有明显好转。其中，第四类和劣四类水质海域主要集中在辽东半岛近岸海域和胶州湾底部区域（表 1.19，图 1.18）。环渤海海域主要超标物质为无机氮和活性磷酸盐。

表 1.18　2014 年渤海未符合第一类海水水质标准的各类海域面积　单位：km^2

季节	第二类水质海域面积	第三类水质海域面积	第四类水质海域面积	劣四类水质海域面积	合计
春季	17 710	7 470	4 540	6 160	35 880
夏季	8 180	6 600	3 770	5 750	24 300
秋季	38 720	6 190	3 620	6 000	54 530
平均	21 540	6 750	3 980	5 970	38 240

表 1.19　2014 年黄海中北部未达到第一类海水水质标准的各类海域面积　单位：km^2

季节	第二类水质海域面积	第三类水质海域面积	第四类水质海域面积	劣四类水质海域面积	合计
春季	6 790	2 600	580	390	10 360
夏季	3 300	1 510	450	120	5 380
秋季	9 670	2 580	510	490	13 250
平均	6 590	2 230	510	330	9 660

2014 年，渤海近岸海域海水富营养化问题有所缓解。夏季渤海富营养化海域面积达 10 980 km^2，其中，轻度、中度和重度富营养化海域面积分别为 7 460 km^2、2 920 km^2 和 600 km^2。富营养化海域总面积比 2013 年减少了 10%，重度富营养化海域主要集中在辽东湾和莱州湾近岸海域，面积较 2013 年大幅减少（见图 1.19）。

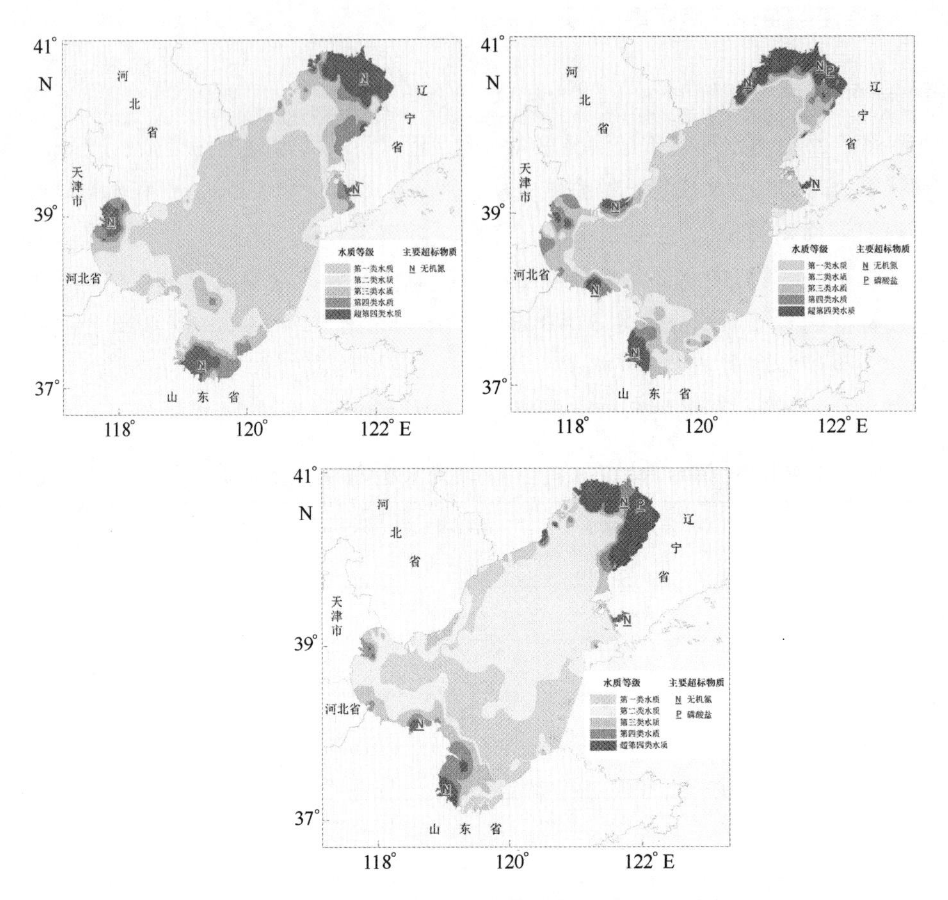

图 1.15 2014 年春季、夏季和秋季渤海水质等级分布示意图

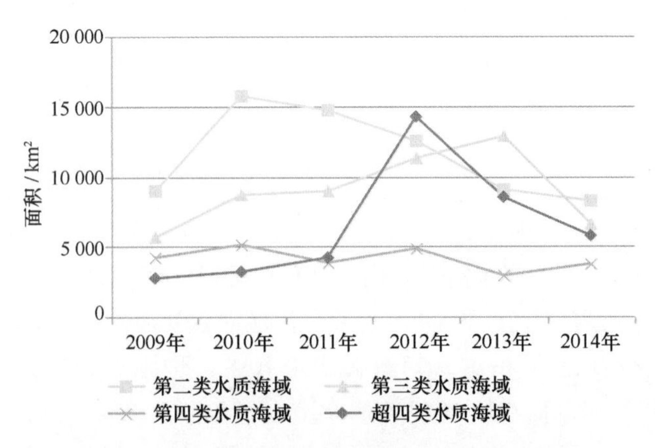

图 1.16 2009—2014 年夏季渤海各类水质面积变化

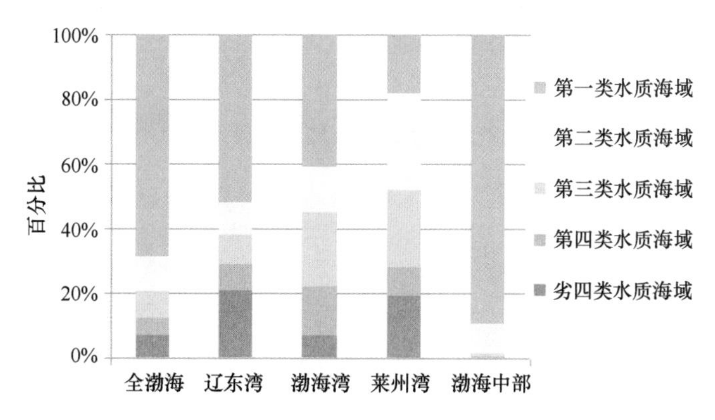

图 1.17　2014 年夏季渤海三大湾及中部海域水质等级面积百分比

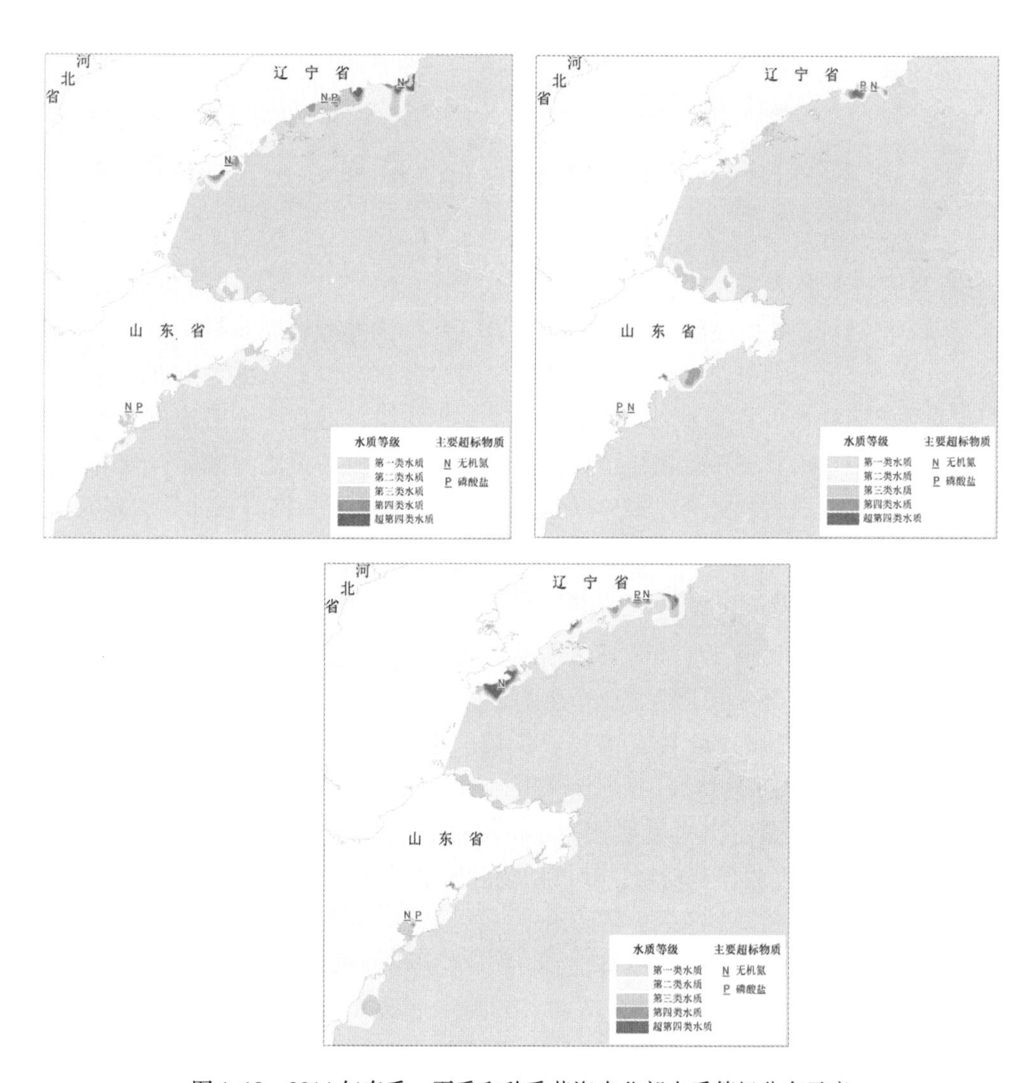

图 1.18　2014 年春季、夏季和秋季黄海中北部水质等级分布示意

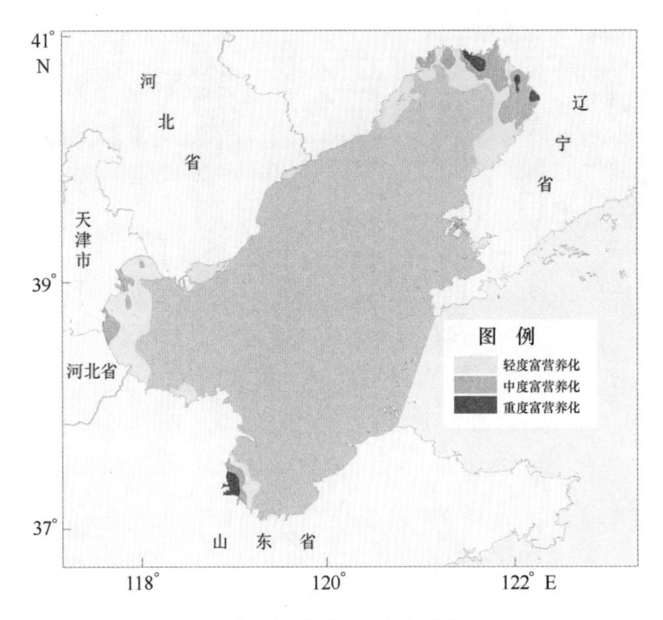

图 1.19 2014 年夏季渤海海水富营养化状况示意

2）海洋沉积物质量

环渤海海域沉积物质量状况总体良好，2013 年，渤海海域除多氯联苯外，各监测指标符合第一类海洋沉积物质量标准的站位比例均在 96%以上。渤海湾近岸部分海域沉积物受到多氯联苯污染，个别站位沉积物受到铜污染，辽东湾个别站位沉积物受到石油类、汞、镉、铅、锌和硫化物污染。黄海中北部海域各项监测指标符合第一类海洋沉积物质量标准的站位比例在 87%以上，超标污染物主要为铬、石油类和多氯联苯，个别站位受到锌、汞、铜、铅、镉和硫化物污染。

3）海洋生物状况

近 4 年监测结果显示，环渤海海域浮游生物和大型底栖生物的生物多样性和群落结构基本稳定。2014 年，在渤海 293 个生物多样性监测站位中，共鉴定出浮游植物 212 种，隶属于 10 门、12 纲、24 目、38 科、87 属，主要类群为硅藻和甲藻；鉴定出浮游动物 85 种（不包括幼虫幼体），隶属于 12 门、17 纲、29 目、53 科、58 属，主要类群为桡足类和水母类；鉴定出大型底栖生物 390 种，隶属于 12 门、24 纲、51 目、163 科、288 属，主要类群为环节动物、软体动物和节肢动物。在黄海中北部 78 个站位的浮游植物、浮游动物和大型底栖生物监测中，共鉴定出浮游植物 144 种，隶属于 4 门、7 纲、16 目、25 科、60 属，主要类群为硅藻；鉴定出浮游动物 72 种（不包括幼虫幼体），隶属于 10 门、15 纲、23 目、46 科、53 属，主要类群为桡足类和水母类；鉴定出大型底栖生物 271 种，隶属于 16 门、27 纲、59 目、146 科、211 属，主要类群为环节动物、软体动物和节肢动物。

1.3.2　沿岸海洋功能区环境质量

2014 年夏季，渤海海水环境质量未达到海洋功能区水质要求的海域面积为 16 420 km^2，较 2013 年下降 33%。其中，辽东湾、渤海湾、莱州湾分别有 21%、32%和 44%的海域未达到海洋功能区水质要求；黄海中北部海水环境质量未达到海洋功能区水质要求的海域面积为 2 040 km^2，较 2013 年有所减少（图 1.20 和图 1.21）。

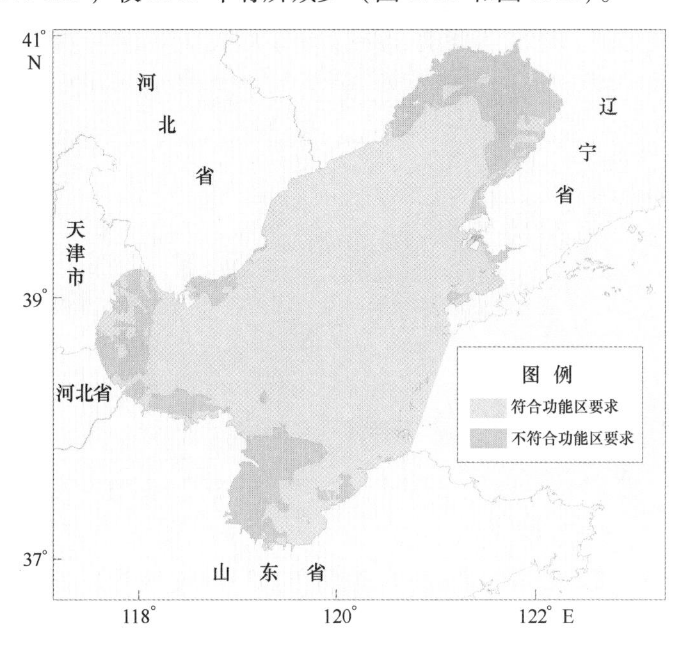

图 1.20　2014 年夏季渤海海洋功能区水质达标状况

1.3.3　陆源排污口邻近海域环境状况

2014 年，渤海沿岸实施监测的陆源入海排污口（河）共 80 个。其中工业排污口 24 个，市政排污口 14 个，排污河 31 个，其他排污口 11 个，沿岸入海排污口（河）达标排放次数占全年总监测次数的 33%，较 2013 年有所下降。葫芦岛、锦州、滨州、天津沿岸监测的排污口达标率较低。渤海 17 个重点排污口邻近海域中，82%的重点排污口邻近海域环境质量不能满足周边海洋功能区环境质量要求，35%的重点排污口对其邻近海域环境质量造成较重或严重影响。

2014 年，黄海中北部沿岸实施监测的陆源入海排污口（河）共 101 个。其中，工业排污口 27 个，市政排污口 29 个，排污河 45 个，沿岸入海排污口（河）达标排放次数占全年总监测次数的 52%，与 2013 年相比基本持平。烟台、威海等沿岸排污口达标率较低。近 5 年监测结果显示，黄海中北部陆源入海排污口污染物排放达标率基本稳定。12 个重点排污口邻近海域中，92%的重点排污口邻近海域环境质量不能满足周边

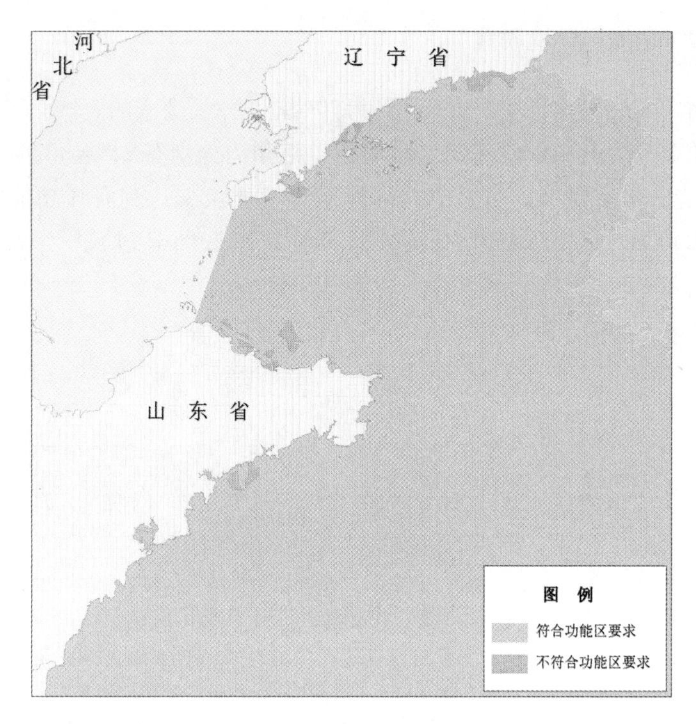

图 1.21 2014 年夏季黄海中北部海洋功能区水质达标状况

海洋功能区环境质量要求，其中 8%的重点排污口对其邻近海域环境质量造成较重或严重影响。与 2013 年相比，各排污口邻近海域综合等级基本持平。

1.3.4 近岸主要生态系统

环渤海区域分布有锦州湾、滦河口—北戴河、渤海湾、黄河口、莱州湾 6 个典型生态系统。自 2008 年以来，双台子河口、滦河口—北戴河、渤海湾、黄河口和莱州湾等生态系统处于亚健康状态，锦州湾的生态系统处于不健康状态。陆源污染、填海造陆活动导致的生境丧失等因素是导致渤海典型生态系统处于不健康或亚健康状态的主要原因。

同时，近年来，因沿海地区防潮和流域调蓄淡水的需要，渤海沿岸多数入海河流修建大坝或闸门，使河口邻近海域失去淡水补充，海水盐度持续升高，如黄河口近年来海水盐度持续升高，低盐区面积萎缩，导致发育的经济生物面临灾难性危害。河口区是重要的海洋生物产卵场和育幼场，对渤海生态系统健康具有重要作用，大量的河口建闸和入海径流量锐减，致使河口生态功能退化，环境风险增大，应引起高度重视(图 1.22)。

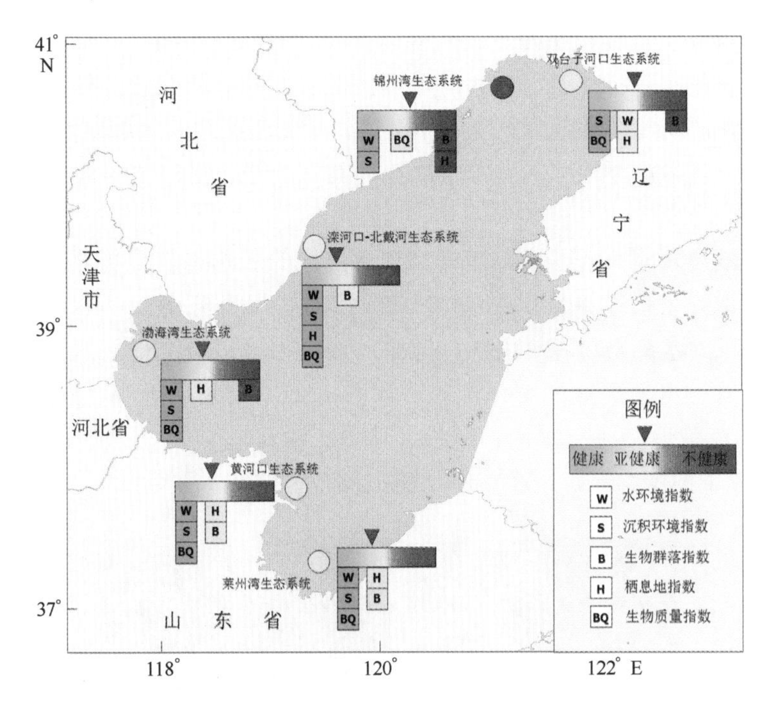

图 1.22　2014 年环渤海区域近岸典型生态系统健康状况

1.4　环渤海区域滨海湿地

1.4.1　滨海湿地定义及分类

湿地是地球上水陆相互作用形成的独特的生态系统，是自然界中最富生物多样性的生态景观和人类最重要的生存环境之一。按照《关于特别是作为水禽栖息地的国际重要湿地公约》（以下简称《湿地公约》）的定义，湿地是指天然或人工、长久或暂时性的沼泽地、泥炭地、水域地带，静止或流动的淡水、半咸水、咸水，包括低潮时水深不超过 6 m 的海水水域。

滨海湿地是湿地的重要类型之一，是陆地生态系统和海洋生态系统的交错过渡地带。《湿地公约》对滨海湿地的分类定义是：自然滨海湿地主要包括浅海水域、滩涂、盐沼、红树林、珊瑚礁、海草床、河口水域、潟湖等；人工滨海湿地主要包括养殖池塘、盐田、水库等。国内对于滨海湿地的研究较多，关于滨海湿地的定义众说纷纭。陆健健参照《湿地公约》及美国、加拿大和英国等国的湿地定义，结合我国实际情况对滨海湿地的定义为海平面以下 6 m 至大潮高潮位之上与外流江河流域相连的微咸水和淡浅水湖泊、沼泽以及相应的河段间的区域。《中华人民共和国海洋环境保护法》对滨海湿地的定义为低潮时水深浅于 6 m 的水域及其沿岸浸湿地带，包括水深不超过 6 m 的永久性水域、潮间带（或洪泛地带）和沿海低地等。

关于滨海湿地的分类，《湿地公约》中指出滨海湿地包括永久性浅海水域、河口水域、海草床、珊瑚礁、岩石性海岸、沙滩砾石与卵石滩、滩涂、盐沼、潮间带森林湿地、咸水或碱水潟湖、海岸淡水湖和海滨岩溶洞穴水系。陆健健根据中国滨海湿地的形成基质等情况将滨海湿地分为：基岩质湿地、淤泥质湿地、生物礁湿地、藻床湿地、滩涂湿地、泥沙质滩涂湿地、岩基海岸湿地、离岛湿地、河口沙洲湿地和潮上带淡水湿地。

本书主要围绕环渤海区围填海活动对滨海湿地的影响进行分析评价，书中所指滨海湿地是指环渤海区三省一市海域行政管理界线向海一侧至-6 m 等深线的碱蓬地、芦苇地、河流水面、水库与坑塘、海涂、滩地、浅海水域以及其他共八类湿地类型。在本书中建立了八类典型湿地的解译标志，如图 1.23 所示。在上述八类滨海湿地类型中，碱蓬地、芦苇地、河流水面、海涂、滩地、浅海水域属于自然湿地，水库坑塘（养殖池及滩涂上的围海等）以及其他（盐田及高潮线以下的围海等）属于人工湿地。

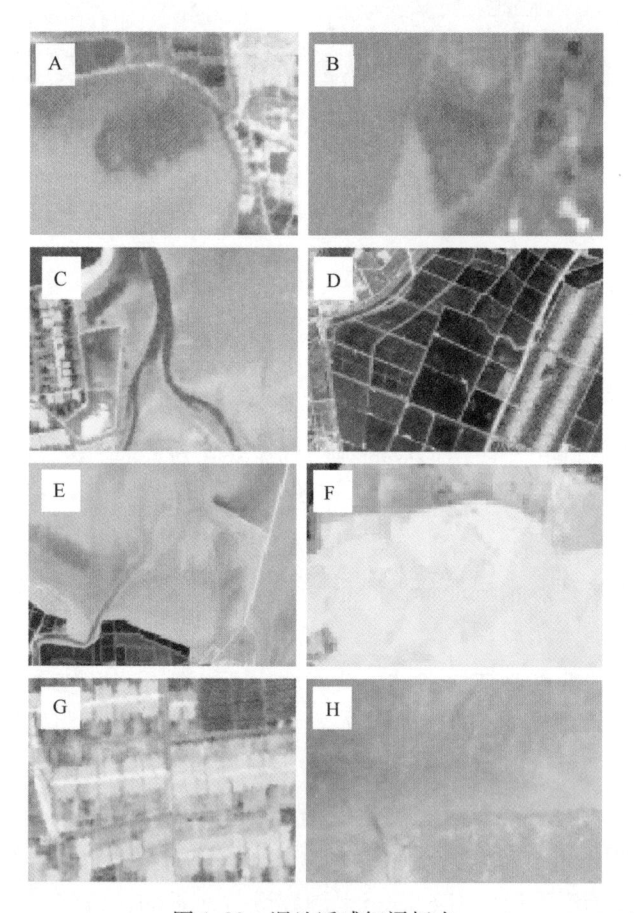

图 1.23 湿地遥感解译标志

A—碱蓬地；B—芦苇地；C—水库坑塘；D—海涂；E—其他（盐田）；
F—河流水面；G—滩地；H—浅海水域

1.4.2　滨海湿地功能

众所周知，湿地具有多种功能和价值，被誉为“地球之肾”，是人类重要的环境资本之一。滨海湿地既具有湿地的普遍功能又具有其独特的功能。陆健健指出湿地的功能可分为“实物”性和“服务”性两大类，“实物”性功能指提供水源、补充地下水及提供人类的食物、建材、能源等，“服务”性功能指调控水量、抵御风暴等自然灾害、净化环境等。徐东霞，章光新等指出海湿地的功能是指实际支持或潜在支持、保护自然生态系统与生态过程，支持和保护人类活动与生命财产的能力，既具有间接经济价值又具有环境及生态价值。

在众多学者研究的基础上，本书将滨海湿地的功能归纳为自然资源功能、环境净化功能、生物多样性功能、旅游资源功能、科研和教育功能以及防灾减灾功能等。

1）滨海湿地的自然资源功能

滨海湿地蕴藏着各种丰富的自然资源，与人民生活和国民经济建设息息相关。①滨海湿地动物产品。滨海湿地每年可为沿海地区提供大量的水产品，其中有：浅海区的鱼、虾、贝等，溯河洄游型的银鱼、凤尾鱼等，降河洄游型的河鳗、河蟹等。②滨海湿地植物产品。滨海湿地可以提供作为建材和造纸原料的芦苇、用作饲料的海草等。

2）滨海湿地的环境净化功能

环境净化功能是所有湿地的共同特征。湿地是地球上具有多种功能的生态系统，可以沉淀、排除、吸收和降解有毒物质，因而被誉为地球之肾。

湿地的过滤作用是指湿地独特的吸附、降解和排除水中污染物、悬浮物和营养物的功能，使潜在的污染物转化为资源的过程。这一过程主要包括复杂界面的过滤过程和生存于其间的多样性生物群落与其环境间的相互作用过程。该过程既有物理的作用、也有化学和生物的作用。物理作用主要是湿地的过滤、沉积和吸附作用；化学作用主要是吸附于湿地孔隙中的有机微生物提供酸性环境，转化和降解水中的重金属；生物作用包括微生物作用和植物作用，前者是指湿地土壤和根据土壤中的微生物如细菌对污染物的降解作用，后者是指大型植物如芦苇、香蒲以及藻类在生长过程中从污水中汲取营养物质的作用，从而使污水净化。生物作用是湿地环境净化功能的主要方式。

湿地植被有助于减缓水流的速度，当含有毒物和杂质（农药、生活污水和工业排放物）的流水经过湿地时，流速减慢，有利于毒物和杂质的沉淀和排除。此外，一些湿地植物如芦苇、水葫芦等还可以有效地吸收有毒物质。流经湿地的营养物质则被植物有效吸收，或者积累在湿地泥层之中，既为下游净化了水源，又通过物质循环养育了湿地生态系统中众多的次级生产者和更高食物链等级以上的消费者。

3）滨海湿地的生物多样性功能

滨海湿地环境复杂，集聚了丰富的生物种类，繁衍着数以万计的鱼类、鸟类、底栖动物和浮游生物，甚至不少地方生存着珍稀濒危物种。滨海湿地尤其适合于一些珍稀鸟类的栖息。在我国东北和俄罗斯西伯利亚繁殖的鹬类就经我国沿海往返于越冬场所澳大利亚，以滨海湿地作为沿途补充能量的中转站。

4）滨海湿地的旅游资源功能

滨海湿地是一种特殊的景观，具有潜在的旅游资源功能。其中的河口、三角洲湿地空气新鲜，环境优美，景观独特，栖息着多种观赏价值极高的动植物，为人们提供垂钓、观鸟、赏花等多种机会，中国许多重要的旅游资源景区都分布在湿地。

5）滨海湿地的科研和教育功能

滨海湿地具有重要的文化意义，不同区域、不同类型及不同历史发展的滨海湿地承载着不同的文化内涵。从科研的角度来讲，所有类型的滨海湿地都具有十分重要的科研价值。滨海湿地生态系统和生物的多样性、滨海湿地的有效保护和合理利用、滨海湿地的类型、分布、结构和功能为多门学科的科学工作者提供了丰富的研究课题。

6）滨海湿地的防灾减灾功能

滨海湿地的防灾减灾功能一方面体现在滨海湿地上的植被对防止和减轻海浪对海岸线的侵蚀起着很大作用；另一方面滨海湿地特别是河口湿地能够储存多雨和河流涨水季节过量的水分，能够控制洪涝灾害。此外，滨海湿地植物可以使陆域一侧的建筑物、农作物以及其他陆域设施免遭风暴潮或台风的破坏。

1.4.3 环渤海区典型滨海湿地的分布

环渤海区沿岸三省一市海岸线北起鸭绿江口南至苏鲁交界绣针河口，大陆岸线总长 5 500 km 余，主要岸线类型为砂质岸线、淤泥质岸线、基岩岸线和人工岸线。沿岸有数十条河流注入渤海，孕育了类型多样的滨海湿地。

1）辽宁省的滨海湿地

辽宁省濒临黄、渤二海，东起丹东东港市的鸭绿江口，西至葫芦岛市绥中县的老龙头，海岸线达 2 920 km，其中，大陆岸线长 2 292 km，约占全国大陆岸线总长的 12%，拥有河口和河海淤泥质海岸、基岩质海岸、沙砾质海岸、岛礁型基岩海岸等多种海岸类型。同时，辽宁省沿海有大凌河、小凌河、双台子河、辽河、碧流河、大洋河、鸭绿江等 30 多条较大河流分别注入黄海、渤海，滋育着众多的河口湾湿地。据首次全国湿地资源调查统计数据，辽宁省滨海湿地面积较大，占全国滨海湿地总面积的 12.4%，主要分布在丹东、大连、盘锦、锦州、营口和葫芦岛 6 个沿海市。

（1）鸭绿江口滨海湿地

鸭绿江口滨海湿地是中国最北端的滨海湿地，位于辽宁省东港市境内，湿地类型主要由滩涂、滨海沼泽、浅海水域和人工湿地组成。鸭绿江口滨海湿地被称为“我国原始滨海湿地的缩影”。目前该区已建成为辽宁鸭绿江口滨海湿地国家级自然保护区，是辽宁省第二大湿地，东起鸭绿江口文安滩岛，西至东港市与庄河县交界处，北起鹤大公路，南临黄海，东西长约120 km，南北宽约25 km，沿东港市境内海岸线呈带状分布，总面积约为14.43×10^4 hm^2。

辽宁鸭绿江口滨海湿地国家级自然保护区内陆地、滩涂、海洋三大生态系统交汇过渡，形成了包括芦苇湿地、沼泽、湖沼、潮沼及河口湾等复杂多样的生态系统类型。从分类上看，区内的湿地包括天然湿地和人工湿地，其中天然湿地又包括浅海、滩涂、河流和芦苇；人工湿地包括水库坑塘、虾田、盐田、水田和人工沟渠。本区的物种资源比较丰富，高等植物有64科、289种。野生动物中，有鱼类88种、两栖类3种、鸟类44科240种、底栖动物74种、浮游动物54种。属于国家一级保护动物的有丹顶鹤、白鹳等8种；国家二级保护动物有大天鹅、白琵鹭等30种；《中日候鸟保护协定》规定保护的227种候鸟中，保护区已发现有121种，占总数的55.3%，为东北亚重要的鸟类栖息的迁徙停歇地。区内还拥有非常丰富的经济动植物资源，年产芦苇5×10^4 t，文蛤、蛏等水产品超过9×10^4 t。

（2）大连滨海湿地

大连市处于辽东半岛的南端，海岸线长1 906 km，占辽宁省海岸线总长度的73%。海岸线以岩岸为主，泥岸占海岸线总长度的16.6%，间有大面积沙泥质滩涂，沙岸占海岸线总长的7%。大连沿海岛坨密布，河口众多，大小河流共计200余条，并由著名的复州湾、葫芦山湾、普兰店湾、金州湾、大连湾等大型海湾和长山海峡形成诸多河口三角洲；由海岸泥质滩涂、浅海滩涂、河口低湿盐碱沼泽地等形成大面积多类型的湿地资源和湿地景观。

大连斑海豹国家级自然保护区为大连沿岸典型的滨海湿地，2002年被列入《国际重要湿地名录》。该保护区面积90.9×10^4 hm^2，主要保护对象为斑海豹及其生态环境。保护区内有鱼类100余种，经济甲壳类5种，头足类3种，贝类10余种。此外还有虎头海雕、白尾海雕、白肩雕、黑尾鸥等珍稀鸟类以及维管束植物426种。植被包括沿海岸滩涂植物、浅海植物及北温带海岛植物。尤其有斑海豹、小鲸、虎鲸、伪虎鲸、宽吻海豚、真海豚、江豚7种海兽。

（3）辽东湾顶滨海湿地

辽东湾顶是辽宁省滨海湿地最为集中、分布面积最广的区域。该区主要由辽河、大辽河等河流冲积而成的冲积海平原组成。沿岸的营口、盘锦、锦州和葫芦岛4市陆地面积为12 933 km^2，−5 m等深线以内的浅海面积为4 400 km^2。辽东湾湿地面积变化最大的是滩涂湿地，其次为芦苇沼泽。

辽东湾顶滨海湿地中比较有代表性的为双台子河口滨海湿地。该滨海湿地总面积约22.3×10^4 hm^2，该区分布有双台子河口国家级自然保护区，自然保护区位于辽宁省盘锦市境内的双台子河入海口处，总面积12.8×10^4 hm^2，南北长60 km，东西宽35 km，是全国最大的湿地自然保护区，也是目前世界上保存最好、面积最大、植被类型最完整的生态地块，主要保护对象为黑嘴鸥、丹顶鹤等水禽及斑海豹。区内湿地由芦苇沼泽、滩涂、浅海海域、河流、水库和稻田湿地类型组成。区内动、植物资源十分丰富，有鱼类45种，有250多种鸟类在这里繁衍生息，其中国家一级保护鸟类4种，二级保护鸟类27种，最为珍贵的当属黑嘴鸥、黑脸琵鹭等世界濒危鸟类。主要植物有碱蓬草、芦苇等，其中碱蓬草由于嫣红似火，被人美誉为“红地毯”；芦苇更是享誉中外，有“世界第一大苇田”之称。

2）河北省的滨海湿地

河北省受地貌、水文、土壤、动植物、海洋环境等自然环境条件和人类开发利用活动的影响，滨海湿地资源丰富，类型多样是我国最具代表性的沙质海岸湿地分布区，主要湿地类型为沙质海岸湿地、岩石性海岸湿地、河口湿地、湖湿地、浅海水域和人工湿地。

在全省较为多样的滨海湿地类型中，北戴河沿海河口海滩湿地、昌黎黄金海岸七里海潟湖湿地、滦河口湿地、石臼坨、月坨海岛及周边潮滩湿地以及曹妃甸滨海湿地、沧州南大港和海兴沼泽湿地等，在全省乃至全国具有典型性和代表性，被列入《中国重要湿地名录》和《河北省重要湿地名录》。受各种人类开发活动的影响，河北沿海湿地生态环境日趋严峻、面积缩减、水源短缺、环境污染、生物多样性下降和功能丧失等直接威胁着各类湿地的生态健康。

（1）秦皇岛段滨海湿地

秦皇岛市位于河北省东北部，全市沿海县（区）有山海关、海港、北戴河3个区和抚宁、昌黎两个县。据河北省海洋局发布的最新海岸线修测成果，秦皇岛市海岸线总长为162.7 km，比原来的数据增加了36.3 km。境内有石河、汤河、新开河、戴河、洋河、大蒲河、滦河等主要河流入海，海岸以沙质或泥沙质为主，湿地主要分布于各河口区域及沿岸，其中北戴河沿海湿地、黄金海岸湿地、滦河口湿地被列入中国重要湿地名录。自20世纪80年代以来，秦皇岛自然湿地面积逐渐萎缩，人工湿地面积扩张较快，湿地总量随着沿海经济的开发而减少。秦皇岛现有湿地39 831.12 hm^2，其中浅海水域占52%，人工湿地占29.59%，潮上带湿地占10.88%，潮间带湿地占7.54%，而砂砾质海滩湿地与潟湖湿地占潮间带湿地的45.37%和48.50%。

北戴河湿地是我国最大的城市湿地，面积达50余万亩①，森林面积超过6 600 hm^2。这块湿地是候鸟迁徙的重要通道和国际四大观鸟胜地之一，区位优势重要，湿地类型多样，有森林、海滩、潟湖、河道等。在这里，已发现鸟类412种，占我国总鸟类的1/3，属国家重点保护动物有近70种。目前，北戴河湿地列入国家湿地公园试点，北戴河国家湿地公园规划总面积306.7 hm^2，其中湿地面积164.2 hm^2，主要由浅海水域、潮间沙石海滩、河口水域、永久性河流、坑塘湖泊和沼泽洼地等湿地类型构成。

昌黎黄金海岸湿地位于河北省东北部昌黎沿海，自然资源丰富，陆域面积

① 亩为非法定计量单位，1亩=1/15 hm^2。

100 km^2，海域面积 200 km^2，是一个综合生态系统自然保护区。昌黎黄金海岸自然保护区北起大蒲河口，南至滦河口，长 30 km。西界为沙丘林带和潟湖的西缘，东到浅海 10 m等深线附近，面积为 300 km^2，其中陆域 100 km^2，海域 200 km^2。保护对象为沿岸自然景观及所在陆地海域的生态环境，有沙丘、沙堤、潟湖、林带、海水，还有文昌鱼等生物。

（2）唐山段滨海湿地

根据河北省海洋局发布的最新海岸线修测成果，唐山市海岸线总长为 229. 7 km，比原来的数据增加了 33. 2 km。唐山市滨海湿地除浅海水域外，以盐田、水稻田、鱼虾蟹池等人工湿地为主，天然湿地面积较小，以芦苇沼泽占优势。其景观结构呈条带状分布，由海向陆主要分为四大区域：①浅海—滩涂区，包括低潮时水深小于 6 m 的浅海水域、潮间带滩涂和沙坝潟湖体系；②盐田—海水养殖区，紧邻潮间带滩涂并向陆延伸 10 km 左右，从西往东依次分布有涧河盐场、南堡盐场、十里海养殖场、八里滩养殖场、滦南沿海养殖场、大清河盐场、乐亭沿海养殖场、乐亭盐场和滦河口养殖场，其间夹杂零星盐沼沼泽和芦苇沼泽；③淡水养殖—芦苇沼泽区，濒临盐田—海水养殖区向陆宽度 5 km 左右，主要分布于丰南滨海镇至滦南柳赞镇之间的唐海县境内，其间有小面积的水稻田分布；④水稻田灌溉区，由淡水养殖—芦苇沼泽区向陆延伸 5～10 km，西起丰南的草泊水库东至乐亭县王滩镇海田村，其间分布有小面积的淡水养殖。河流、沟渠纵横交织，形成明显的网状结构，分布于整个滨海地区；其他类型湿地分布比较零散，呈斑块状分布于滨海地区。

曹妃甸湿地位于曹妃甸区，是具有国际意义的北方最大的滨海湿地。湿地内野生动植物资源达 1 200 余种，其中野生植物 63 科 164 属 238 种，鸟类 17 目 52 科 307 种，其中国家一级保护鸟类有丹顶鹤、白鹳、黑鹳、金雕等 9 种，国家二级保护鸟类 42 种。每到迁徙季节，该湿地呈现出“万鸟翔集、鹤舞鸥鸣”的壮丽奇观，成为观鸟爱好者神往的鸟类天堂。这片湿地，是澳大利亚到西伯利亚候鸟迁徙的重要驿站和栖息场所，被国际湿地组织称为“开发潜力巨大、不可多得的湿地保护区”。

（3）沧州段滨海湿地

沧州市东临渤海，海岸线总长 129. 7 km，其中大陆岸线 95. 3 km，岛屿岸线 34. 4 km，境内河道、库淀、坑塘众多，20 多条河流汇聚 9 处入海，滨海湿地资源丰富。南大港湿地与海兴湿地是其中的典型。

南大港湿地是著名的退海河流淤积型滨海湿地，由草甸、沼泽、水体、野生动植物等多种生态要素组成。目前已建成南大港湿地自然保护区，整个保护区主要是由淡水芦苇沼泽、滩地碱蓬沼泽、海水沼泽等生态系统构成，其中 74%的湿地面积被芦苇沼泽、海水沼泽、碱蓬、柽柳和阔落叶灌丛覆盖。同时，这里的动植物物种资源也十分丰富。整个保护区内植物有 47 科 140 种；经专家发现的野生鸟类有 14 目 38 科 251 种，其中国家一级保护鸟类 8 种，国家二级保护鸟类 24 种。

海兴湿地位于河北平原东部，渤海湾南部，是在河流动力和海洋动力综合作用下形成的浅滩、沟槽、沼泽和积水湿地等组成的复合型滨海湿地，总面积 260 km^2。湿地内有大面积的盐田水洼、浅水水库等。经调查考证，湿地共有鸟类 232 种，其中国家一级保护鸟类 7 种，国家二级保护鸟类 27 种，省重点保护鸟类 15 种，是渤海地带重要的鸟类栖息地。

3）天津市的滨海湿地

天津市北依燕山，东临渤海，湿地资源丰富。目前，天津市湿地面积已超过 24.8×10^4 hm^2，占天津总面积的 20.9%，其中滨海湿地面积 5.8×10^4 hm^2，占全市湿地面积的 23.3%。天津滨海湿地中浅海水域（5 m 等深线以内，宽约 1 400 m 的海域）面积 2.1×10^4 hm^2，该湿地类型是由于冲淤作用，形成了河口水下三角洲、海湾三角洲平原、溺谷、潮脊、潮沟；潮间带湿地面积 3.7×10^4 hm^2，位于人工堤坝和零米等深线之间，为典型的粉砂淤泥质浅滩。

天津湿地有着丰富的动植物资源，有湿地植物 400 余种，野生动物 600 余种，其中有属国家一级和二级保护的珍贵鸟类，如东方白鹳、黑鹳、丹顶鹤等 22 种。目前天津建有湿地保护区 5 处，面积 16×10^4 hm^2，占全市湿地总面积的 64.5%。

天津北大港湿地自然保护区是天津市最大的湿地，位于天津市大港区的东南部，具有多类型湿地特征，生态系统保存完整，是有着良好的生物多样性特征的国家重要生态湿地。保护区包括北大港水库、沙井子水库、钱圈水库、独流减河下游、官港湖、李二湾和沿海滩涂，湿地总面积 44 240 hm^2。北大港湿地位于亚洲东部鸟类迁徙的线路上，是东亚至澳大利亚候鸟类迁徙的必经之地。目前，北大港湿地保护区内每年春秋两季迁徙鸟类数量可达到数十万只以上，各种鸟类达 140 余种，其中有国家一级保护鸟类 6 种，国家二级保护鸟类 17 种，全部种类能够占到全国鸟类资源的 1/3。

4）山东省的滨海湿地

山东省大陆海岸线居全国第二位，浅海水域和滩涂幅员广阔。由于海岸地貌类型复杂多样，既有平直的淤泥质海岸和宽广的泥滩，又有曲折的岬角港湾海岸，因而发育了类型多样、面积广大的滨海湿地。山东省的滨海湿地面积位居全国各省首位，约占全国滨海湿地总面积的 20.4%，主要分布在滨州、东营、潍坊等地区。

（1）黄河三角洲滨海湿地

黄河三角洲滨海湿地是世界上暖温带保存最广阔、最完善、最年轻的湿地生态系统，位于山东省东北部的渤海之滨，面积 3 014.81 km^2。

黄河三角洲是典型的滨海河口湿地及重要的鸟类栖息地、繁殖地、中转站，其湿地具有典型的原生性、脆弱性、稀有性以及国际重要性等特征。山东黄河三角洲国家级自然保护区于 1992 年 10 月经国务院批准建立，是以保护黄河口新生湿地生态系统和珍稀濒危鸟类为主体的湿地类型自然保护区。总面积 15.3×10^4 hm^2，其中核心区 5.94×10^4 hm^2，缓冲区 1.12×10^4 hm^2，实验区 8.24×10^4 hm^2。分为南北两个区域，南部区域位于现行黄河入海口，面积 10.45×10^4 hm^2；北部区域位于 1976 年改道后的黄河故道入海口，面积 4.85×10^4 hm^2。区内现共有野生动物 1 626 种，其中鸟类 368 种。鸟类由建区时的 187 种增加到目前的 367 种，其中国家一级保护鸟类由 5 种增加到 12 种，国家二级保护鸟类由 27 种增加到 51 种，数量由 200 万只增加到 600 万只。国家一级保护鸟类有丹顶鹤、白头鹤、白鹤、大鸨、东方白鹳、黑鹳、金雕、白尾海雕、中华秋沙鸭、遗鸥等，国家二级保护鸟类有灰鹤、大天鹅、鸳鸯等。珍稀濒危鸟类逐年增多，每年春、秋候鸟迁徙季节，数百万只鸟类在这里捕食、栖息、翱翔，成为东北亚内陆和环西太平洋鸟类迁徙重要的中转站、越冬栖息地和繁殖地，被国内外专家誉为“鸟类的国际机场”。区内植物资源丰富，共有植物 393 种，其中野生种子植物 116 种。盐地碱蓬、柽柳和罗布麻在自然保护区内广泛分布，芦苇集中分布面积达 40 万亩，国家二级重点保护植物野大豆集中分布面积达 6.5 万亩。区内自然植被覆盖率达 55.1%，是中国沿海最大的新生湿地自然植被区。独特的生态环境、得天独厚的自然条件，造就了黄河三角洲自然保护区“奇、特、旷、野、新”的美学特征，被评为中国“最美的六大湿地”之一。

（2）莱州湾南岸滨海湿地

莱州湾是渤海三大海湾之一，它西起黄河口，东至龙口的屺坶角，海岸线长 319 km，总面积 9 530 km^2。由于黄河等河流输入的泥沙大量淤积，海湾面积不断缩小，沿岸水深不断变浅，分布在高潮线以上的盐沼湿地向海迁移，并不断退化消失。受河流搬运、沉积泥沙等外力地质作用的影响，现代莱州湾南岸潮上带淡水沼泽湿地发育、演化过程也较迅速。由于河流输送的泥沙在河床、河漫滩和淡水湖泊中缓慢沉积，莱州湾南岸潮上带的淡水湖泊、河流等水体逐渐演化为淡水沼泽湿地，最后演化为潮上带茅草湿地。

莱州湾南岸湿地是东北亚环西太平洋鸟类迁徙的重要“中转站”及越冬、栖息和繁殖地。莱州湾南岸滨海湿地植被分 4 个植被型、25 个植物群落，由 48 科 129 属 197 种维管束植物构成，这些维管束植物分盐生植物，水生植物，湿生植物和中生、旱生植物 4 大生态类群。盐田、养殖池、道路建设、海岸侵蚀、地下咸、卤水入侵、气候干旱、河流断流等自然、人为原因导致莱州湾南岸滨海湿地退化，自然湿地消亡、向人工湿地演化。为发展海水养殖业、盐业，利用莱州湾南岸潮上带滨海湿地建设了大面积的养殖池、盐田等人工湿地，导致莱州湾南岸自然湿地面积不断萎缩，人工湿地面积不断增大。

第2章 环渤海填海造陆基本状况评述

我国是海洋大国，海洋资源丰富。近些年来，随着国家对海洋发展的日益重视，建设海洋强国，科学合理对海洋资源开发利用进入到空前发展时期。海洋正在成为我国未来发展最具潜力的资源空间，向海洋进军、开发海洋资源、发展海洋经济已成为拉动经济社会发展的战略重点和重大国策，海洋经济正逐步成为推动我国经济社会发展的新生力量。沿海各地都在大力发展蓝色经济，把海洋资源和区位优势作为促进本地区经济社会发展的强大引擎，各自做出了振兴地方经济的重大决策和战略部署。“海洋经济决定未来发展”已经成为国民的全新共识和自觉行动。从北向南，沿海各地均在着力抢占海洋经济发展制高点，谋求全国发展大局中的重大战略位置。

环渤海区域海洋资源丰富，开发价值巨大。在国家建设海洋强国的重要战略部署下，环渤海地区依托这种独特的地缘优势和资源优势，海洋资源开发利用的力度不断加大，海洋经济快速发展，已成为中国北方经济发展的“引擎”，被经济学家誉为继珠江三角洲、长江三角洲之后的中国经济第三个“增长极”。向海洋要资源，大力发展海洋经济，成为环渤海地区培育新的经济增长点的新攻略。环渤海的天津市、辽宁省、河北省和山东省已经成为我国经济社会高速发展的地区。截至2011年，辽宁沿海经济带、天津滨海新区、黄河三角洲、山东半岛蓝色经济区等（图2.1）沿海经济区相继上升为国家发展战略，自此，环渤海三省一市均有了各自的发展战略，通过利用海洋，开发海洋，发展海洋及相关涉海产业，这些区域必将成为我国新的区域经济增长点。

总体来看，目前环渤海区域海洋经济保持快速增长态势。2012年，环渤海地区海洋生产总值达18 078亿元，占全国海洋生产总值的36.1%，比2011年提高0.5个百分点，环渤海地区海洋经济发展势头强劲，海洋生产总值已超过长江三角洲和珠江三角洲，在我国对外开放的沿海发展的战略地位越来越突出，正成为继“长三角”、“珠三角”之后国家宏观经济战略的重要指向区域和新的经济增长极。国家发展战略的提出将推动环渤海区域海洋产业及相关涉海产业的快速发展，在目前18亿亩耕地红线确立，陆域资源日趋紧张的情况下，环渤海区域向海洋要空间、要容量、要资源的需求愈来愈强烈，掀起了新一轮围海抢滩活动。

利用遥感与GIS技术（填海造陆识别方法见附录1），本书完成了环渤海三省一市（辽宁省、山东省、河北省和天津市）2000年、2005年、2008年、2010年、2011年、2012年以及2014年填海造陆面积、分布及其变化状况的监测，以期更好地掌握该区域的填海造陆状况。

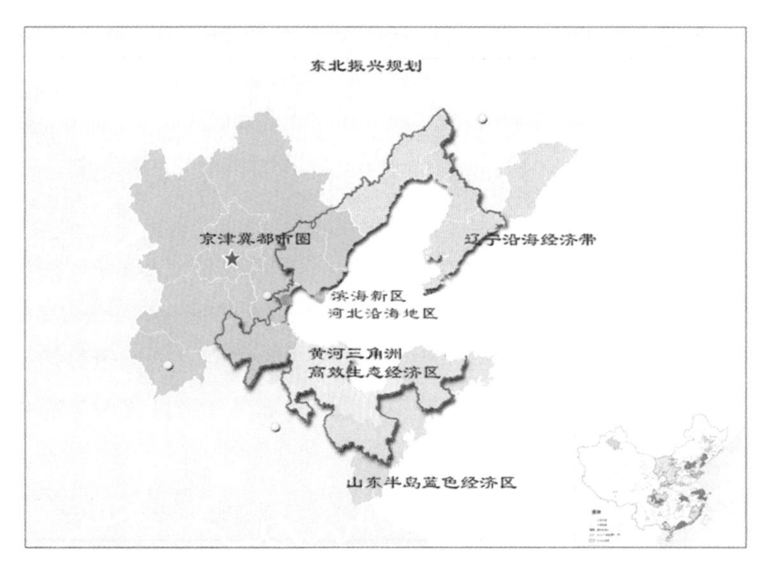

图 2.1　环渤海国家海洋发展战略区

2.1　辽宁省填海造陆遥感监测分析

2.1.1　辽宁省填海造陆空间分布分析

从2000—2014年经卫星遥感解译的辽宁省填海造陆状况来看，辽宁省填海造陆活动在空间分布上主要集中在双台子河口、辽河口、长兴岛以及鸭绿江口周边海域（图2.2），填海造陆总面积为560.98 km^2。这部分滨海区域是辽宁省重要的滨海湿地分布区。其中，双台子河口西部滨海区域填海造陆活动主要为城市景观建设、工农业用海建设等。双台子河口东部至辽河口北部滨海区域出现较大规模的填海造陆活动，主要是由于盘锦辽滨沿海经济区的建设造成的。

2.1.2　辽宁省填海造陆开发强度分析

辽宁省填海造陆活动大致可分为3个阶段：第一阶段为2000—2008年，这期间填海造陆活动较为平稳，其中2000—2005年填海造陆面积为79.21 km^2，2005—2008年填海造陆活动减缓，为64.21 km^2；2008—2012年为第二阶段，该段时间辽宁省填海造陆活动最为剧烈，其中2008—2010年为178.69 km^2，之后略有放缓，但填海造陆规模仍比较大，2010—2011年为98.81 km^2，2011—2012年为120.27 km^2；第三阶段为2012—2014年，该阶段辽宁省填海造陆活动大幅度减少，围填面积总计仅有19.19 km^2，约占2008—2010年的10.7%。2000—2014年辽宁省填海造陆分布情况见表2.1。

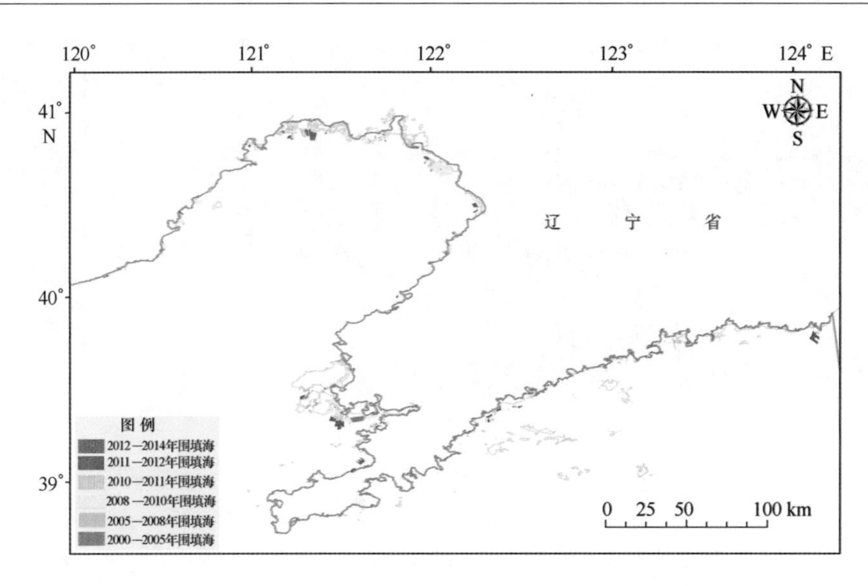

图 2.2 2000—2014 年辽宁省填海造陆活动空间分布

表 2.1 2000—2014 年辽宁省填海造陆面积统计 单位：km^2

年度	2000—2005	2005—2008	2008—2010	2010—2011	2011—2012	2012—2014	合计
面积	79.21	64.21	178.69	98.81	120.27	19.79	560.98

2000—2005 年辽宁省主要集中在长兴岛南部的普兰店湾附近海域，最大填海造陆面积在 20~25 km^2（图 2.3），锦州湾、营口鲅鱼圈南部附近海域存在零星填海造陆活动，填海面积均在 10 km^2 以下。

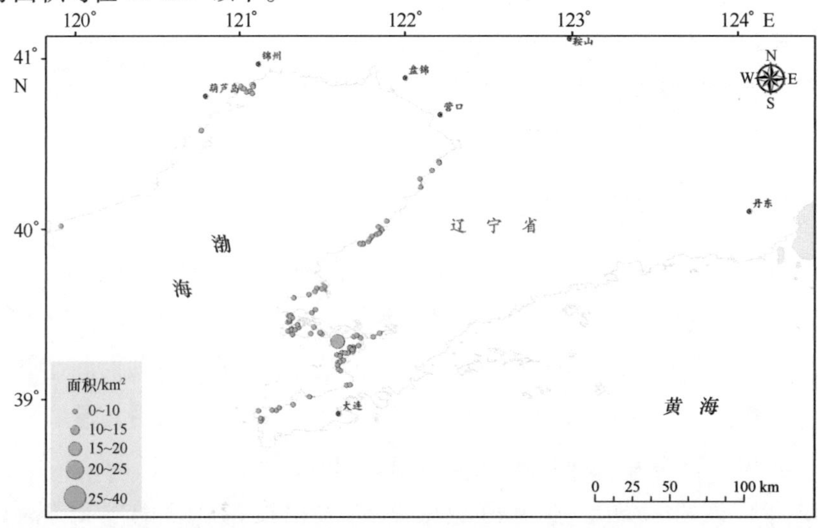

图 2.3 2000—2005 年辽宁省填海造陆开发强度

2005—2008 年辽宁省填海造陆总面积较前一阶段有所减少，填海造陆活动呈现零星分布的状态（图 2.4），每个区域内填海造陆面积均在 10 km² 以内，没有发生较大规模的填海造陆活动，长兴岛附近海域填海造陆活动仍较为活跃。沿葫芦岛市滨海区域至营口滨海区域都分散有零星分布的填海造陆区域。

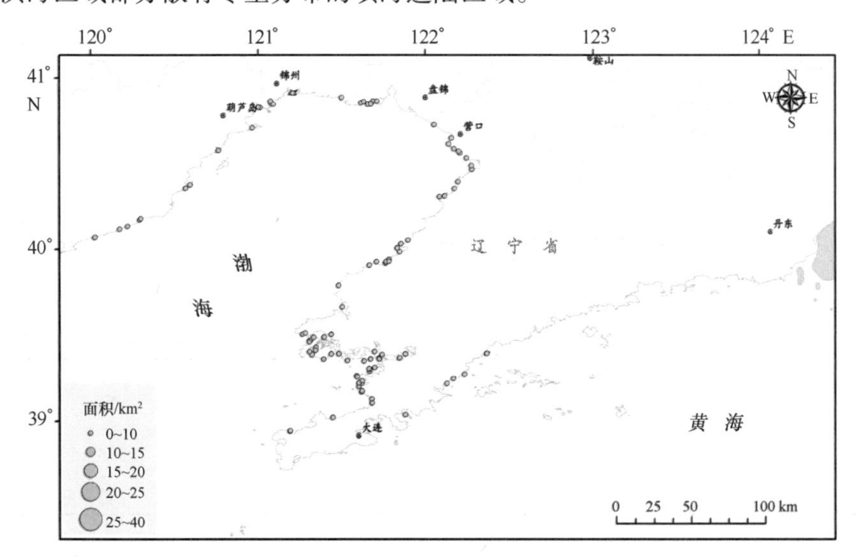

图 2.4　2005—2008 年辽宁省填海造陆开发强度

2008—2010 年辽宁省总填海造陆面积为 178.69 km²，较前两个阶段有所加剧（图 2.5），出现两处较大规模的填海造陆活动，盘锦滨海地区填海造陆面积超过 25 km²，是最近几年辽宁省填海造陆活动较为剧烈的地区，长兴岛南部地区仍是填海造陆活动剧烈地区。锦州湾南部、双台子河口西部、辽河口南部以及鲅鱼圈南部滨海区域都出现较小规模的填海造陆活动。

2010—2011 年辽宁省填海造陆活动继续保持较高速度，填海造陆面积为 98.81 km²，该阶段辽宁省填海造陆活动向黄海滨海区域扩张，从大连至丹东沿海区域发生了大量的规模在 10 km² 以下的填海造陆活动（图 2.6）。

2011—2012 年辽宁省填海造陆面积为 120.27 km²，从渤海到黄海沿海区域都分布有不同规模的填海造陆区域，锦州南部沿海、长兴岛南部海域以及丹东鸭绿江口附近海域都出现面积在 15 km² 以上的填海造陆区域。其他沿海区域近乎均匀分布有小规模的填海造陆活动，面积均在 10 km² 以下（图 2.7）。

2012—2014 年间辽宁省仅有金州湾及长山群岛西侧、北侧部分海域出现小规模填海造陆活动，面积总计 19.19 km²，填海造陆活动大幅度减少，可以看出辽宁省填海造陆活动高峰期已经过去（图 2.8）。

分析 2000—2014 年填海造陆变化原因，不难看出，填海造陆规模较大的是 2008—2010 年、2010—2011 年、2011—2012 年这 3 个时期，正是辽宁省“五点一线”沿海开

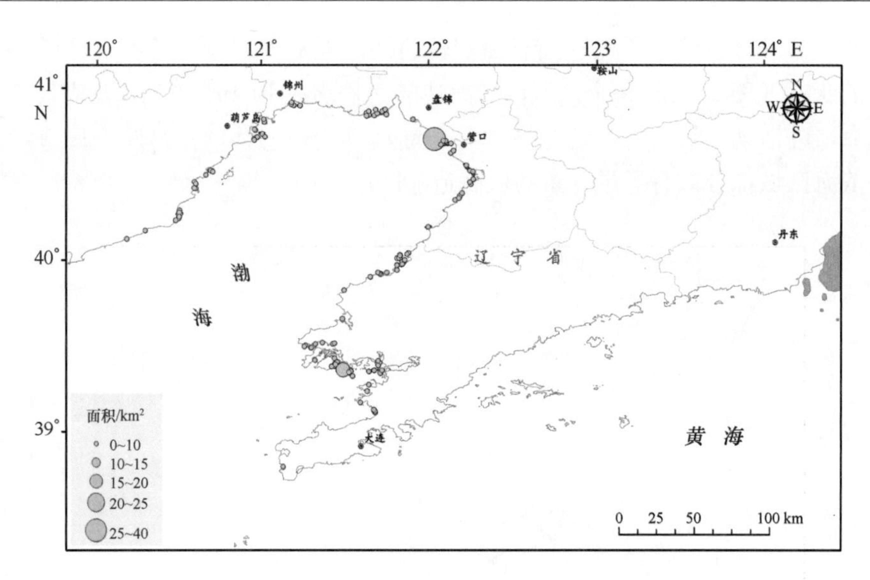

图 2.5 2008—2010 年辽宁省填海造陆开发强度

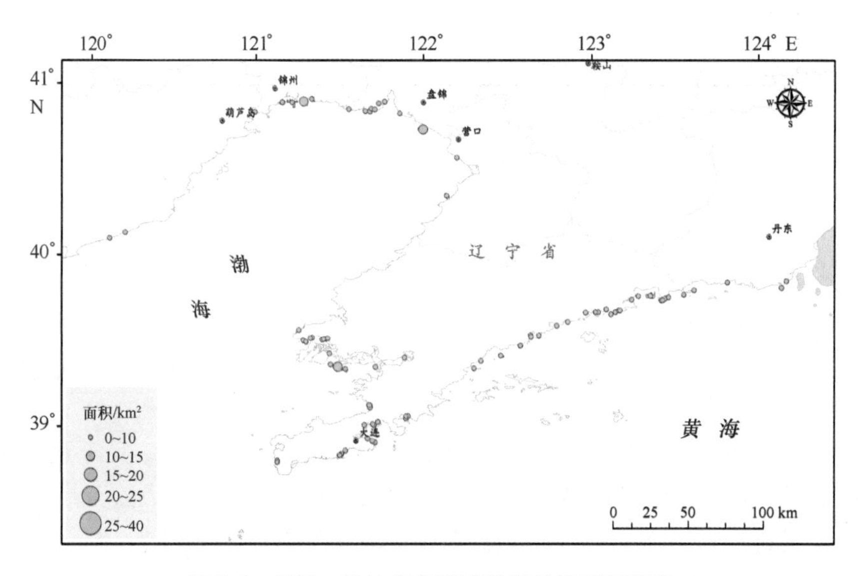

图 2.6 2010—2011 年辽宁省填海造陆开发强度

放战略以及以此为核心形成的辽宁沿海经济带发展战略的实施期，这期间有大批项目向沿海布局，因此该时期填海造陆活动频发，填海造陆面积较大。

2.2 山东省填海造陆遥感监测分析

2.2.1 山东省填海造陆空间分布分析

从 2000—2014 年经卫星遥感解译的山东省填海造陆状况来看，2000—2014 年山东

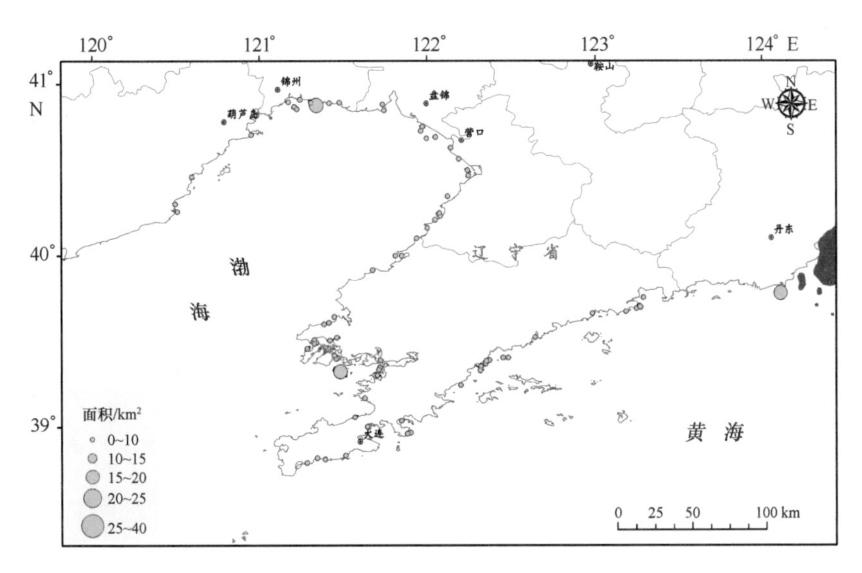

图 2.7　2011—2012 年辽宁省填海造陆开发强度

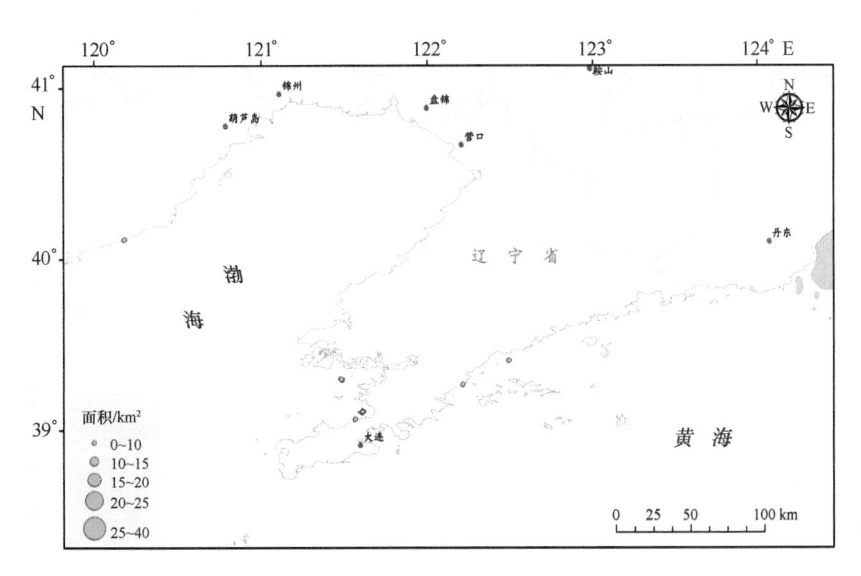

图 2.8　2012—2014 年辽宁省填海造陆开发强度

省填海造陆活动主要集中在莱州湾沿海附近，其中潍坊滨海区域、昌邑滨海区域、招远以及龙口沿海较为集中，填海造陆总面积为 297.95 km^2（图 2.9）。

2.2.2　山东省填海造陆开发强度分析

2000—2005 年山东省填海造陆面积为 43.77 km^2，较大规模的填海造陆活动出现在威海文登市靖海湾附近海域，面积在 20 km^2 以上，在其他区域零星发生小规模填海造陆活动，面积均在 10 km^2 以下（图 2.10）。

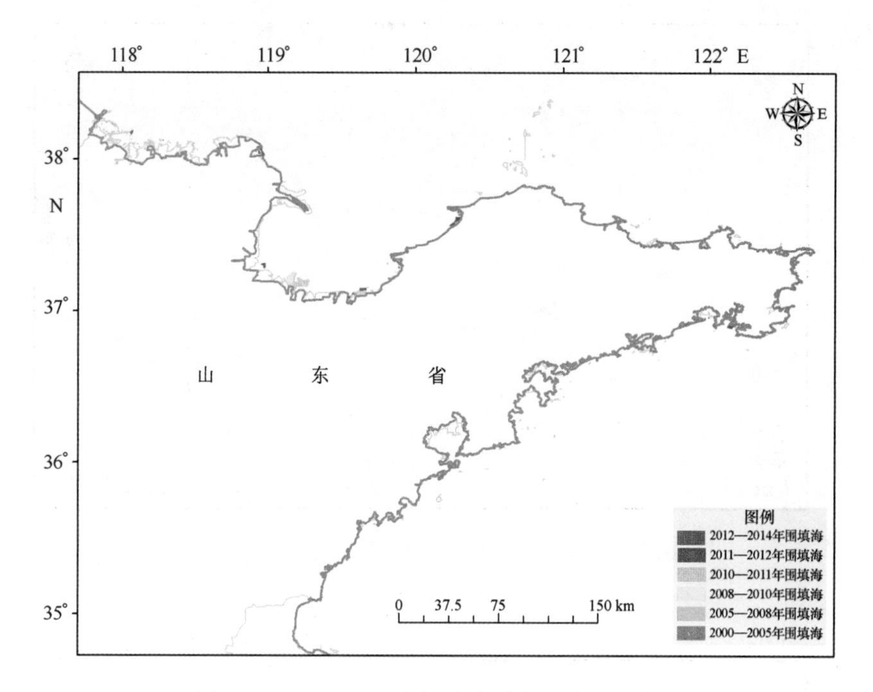

图 2.9 2000—2014 年山东省填海造陆空间分布

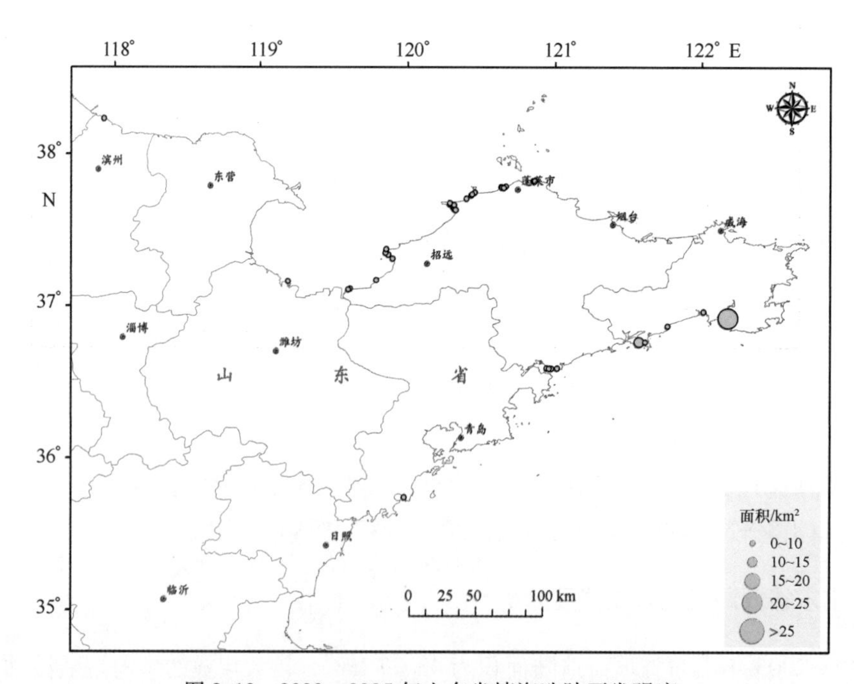

图 2.10 2000—2005 年山东省填海造陆开发强度

2005—2008 年山东省填海造陆总面积 13.7 km^2，较上一阶段填海造陆活动减缓近 1/3。从图 2.11 可以看出，该段时间内填海造陆活动强度较小，填海造陆面积均在 10 km^2以下，龙口、胶州湾口附近较为密集。

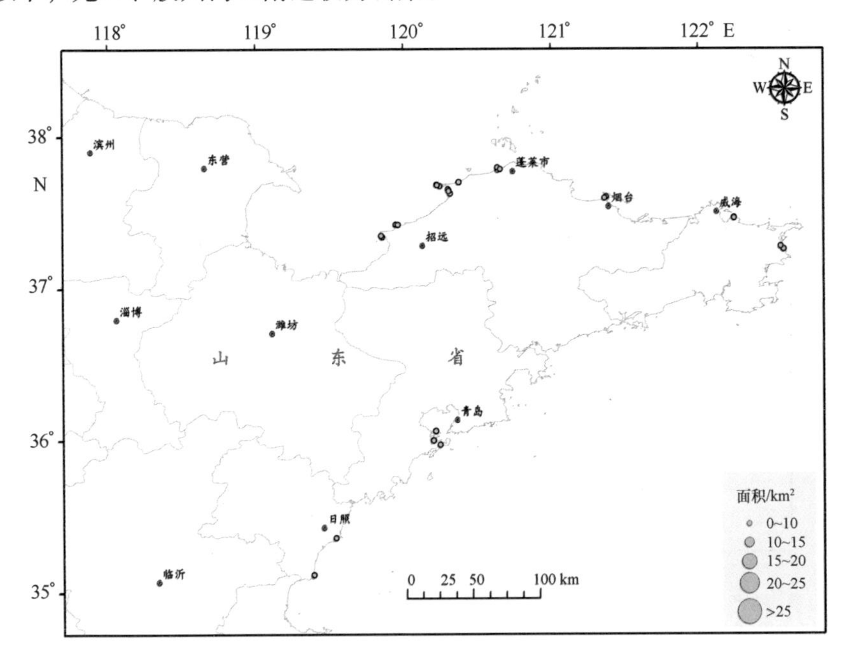

图 2.11　2005—2008 年山东省填海造陆开发强度

2008—2010 年山东省填海造陆面积为 48.22 km^2。从图 2.12 可以看出，该段时间内填海造陆活动较为集中且强度较大的区域主要集中在莱州湾西侧潍坊所辖海域，最大填海造陆面积在 25 km^2 以上，莱州附近海域集中有小规模的填海造陆活动。

2010—2011 年山东省填海造陆总面积 103.61 km^2，填海造陆活动加剧，较上一阶段填海造陆面积增加了 1 倍之多。从图 2.13 可以看出，该段时间内填海造陆活动基本上在山东各沿海海域均有分布，且潍坊、莱州等部分区域开发强度较大，最大填海造陆面积在 25 km^2 以上。

2011—2012 年山东省填海造陆总面积 86.29 km^2，较上一阶段填海造陆活动有所减缓。从图 2.14 可以看出，该时期填海造陆活动较为分散且部分区域开发强度较大，主要集中在山东半岛渤海海域，其中东营、莱州至蓬莱岸段填海造陆活动尤为集中，最大填海造陆面积在 20 km^2 以上。

2012—2014 年山东省填海造陆总面积 2.30 km^2，较上一阶段填海造陆活动大幅减缓，仅占上一时期填海面积的 2.3%。从图 2.15 可以看出，该时期内山东省填海造陆活动基本消失，只在青岛市黄岛区附近有小规模填海造陆活动出现。

2000—2014 年山东省填海造陆面积统计见表 2.2。

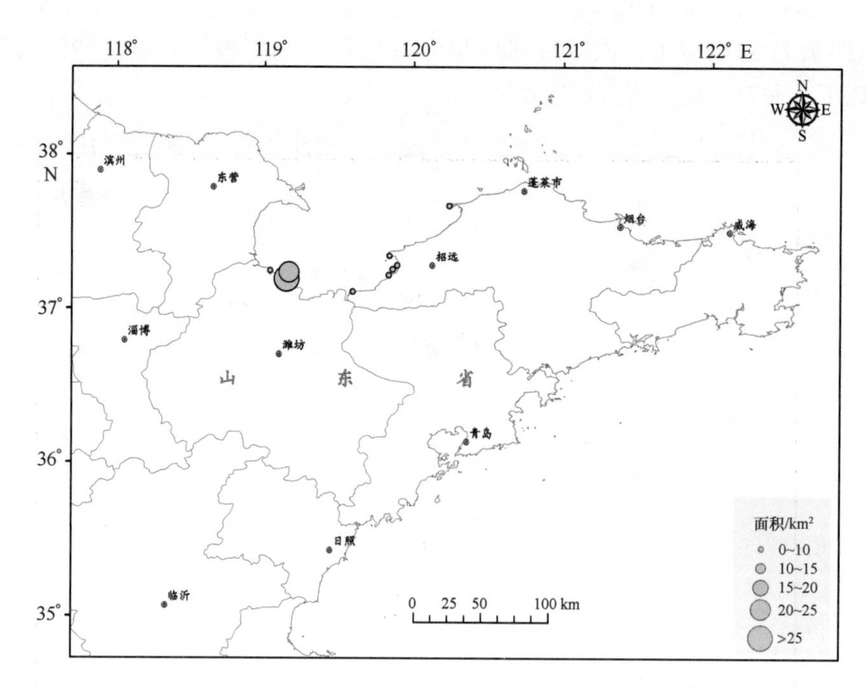

图 2.12　2008—2010 年山东省填海造陆开发强度

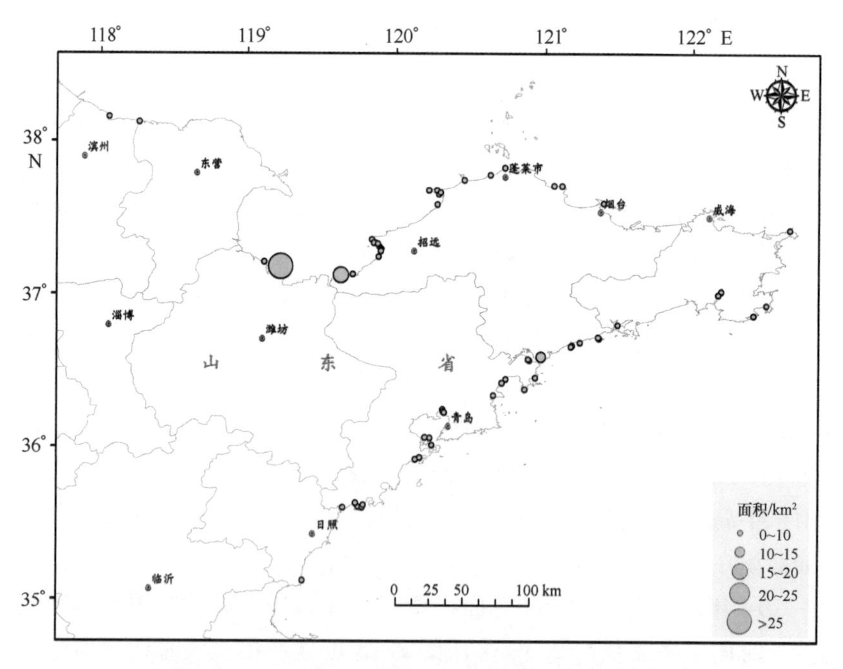

图 2.13　2010—2011 年山东省填海造陆开发强度

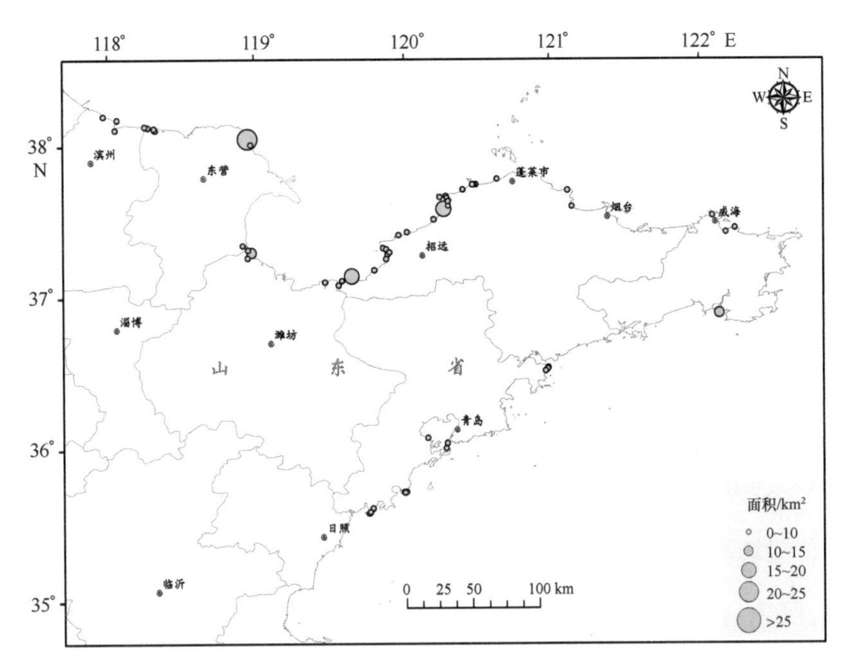

图 2.14　2011—2012 年山东省填海造陆开发强度

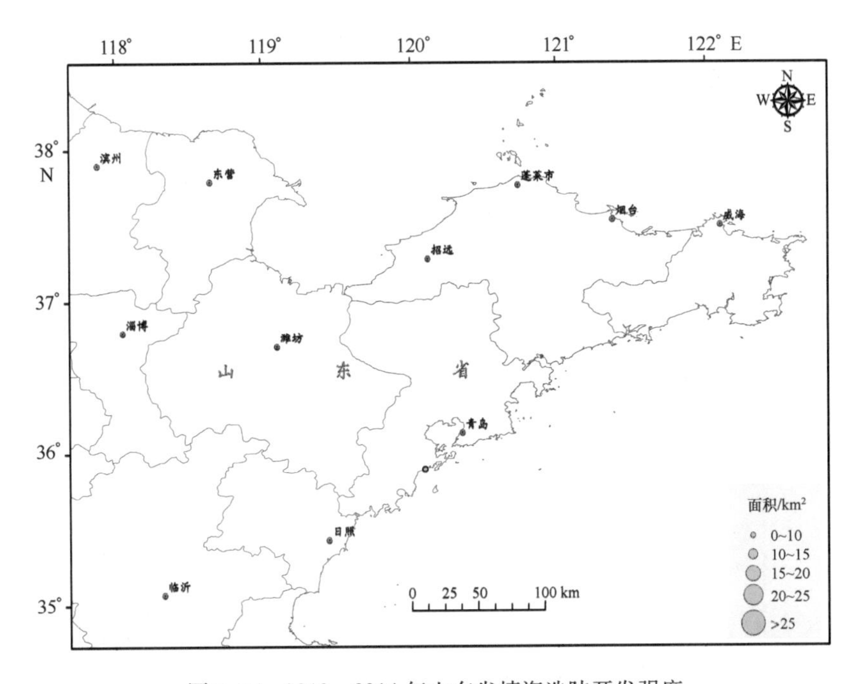

图 2.15　2012—2014 年山东省填海造陆开发强度

表 2.2 2000—2014 年山东省填海造陆面积统计 单位：km^2

年度	2000—2005	2005—2008	2008—2010	2010—2011	2011—2012	2012—2014	合计
面积	43.77	13.76	48.22	103.61	86.29	2.30	297.95

2.3 河北省填海造陆遥感监测分析

2.3.1 河北省填海造陆空间分布分析

从 2000—2014 年经卫星遥感解译的河北省填海造陆状况来看，河北省填海造陆活动主要集中在曹妃甸以及沧州渤海新区近岸海域，填海造陆总面积为 351.31 km^2，其中以曹妃甸滨海区域填海造陆活动最为剧烈，沧州渤海新区在最近几年发展中，也开展了较大规模的填海造陆活动。

2.3.2 河北省填海造陆开发强度分析

河北省填海造陆活动最剧烈的时期是 2005—2008 年，总填海造陆面积达到 199.44 km^2，2012—2014 年该区域未发生填海造陆活动，其余各时期填海造陆面积基本相差不大（图 2.16）。

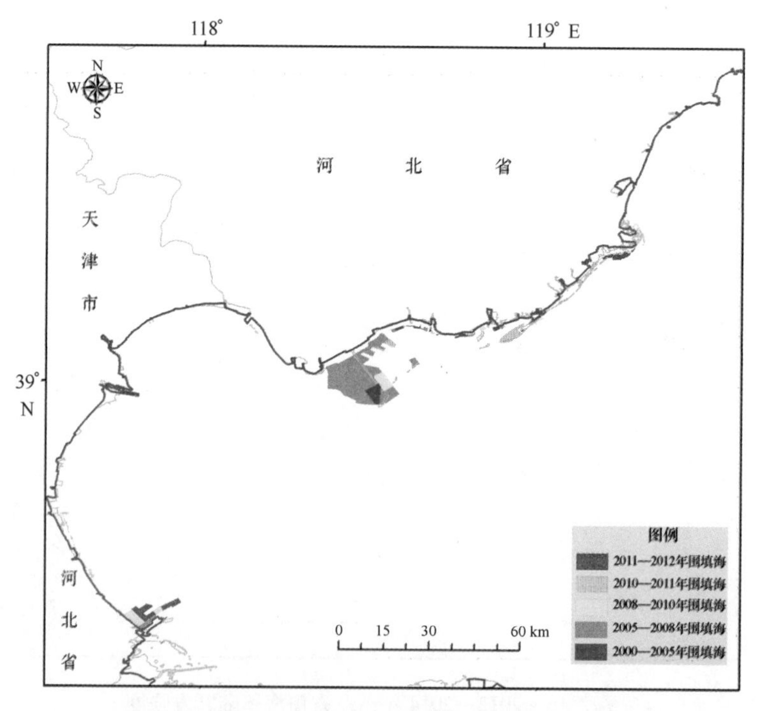

图 2.16 2000—2014 年河北省填海造陆空间分布

2000—2005 年河北省填海造陆总面积为 26.39 km^2，仅在曹妃甸海域出现较大规模的填海造陆，面积在 20 km^2 以上，曹妃甸北部海域零星分布有小规模的填海造陆活动（图 2.17）。

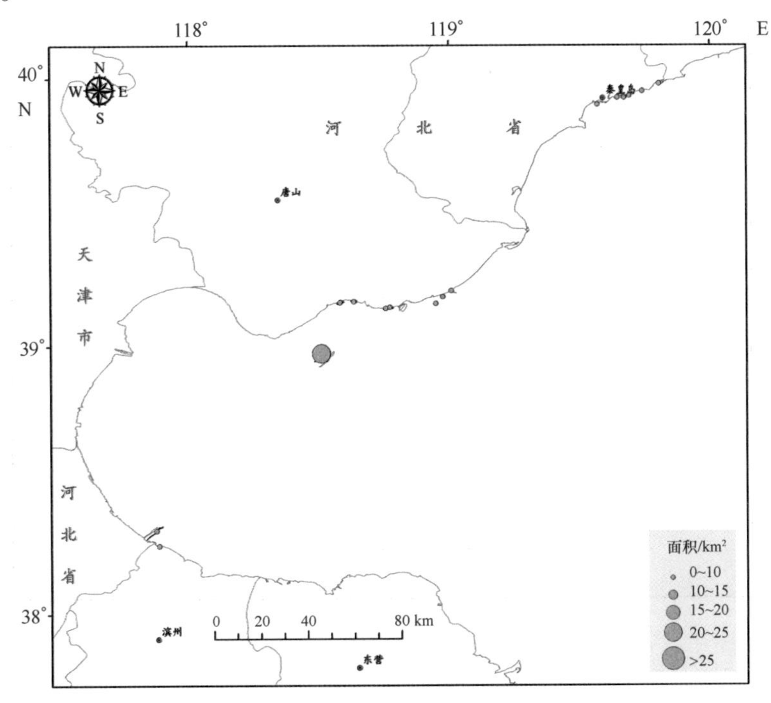

图 2.17　2000—2005 年河北省填海造陆开发强度

2005—2008 年河北省填海造陆面积为 199.44 km^2，仍然在曹妃甸海域出现较大规模的填海造陆，面积在 25 km^2 以上，曹妃甸北部海域零星分布有小规模的填海造陆活动（图 2.18），此阶段内曹妃甸填海造陆活动最为剧烈，基本形成了较为明显的陆地轮廓。

2008—2010 年河北省填海造陆面积为 42.09 km^2，曹妃甸附近依然存在规模在 20 km^2 以上的填海活动，另外沧州渤海新区存在规模大于 15 km^2 的填海活动，其他区域填海造陆活动较为分散，规模均不超过 10 km^2（图 2.19）。

2010—2011 年河北省填海造陆面积为 42.72 km^2，此阶段唐山及沧州近岸海域分布有小规模围填活动，面积都不超过 10 km^2，未有较大规模的填海造陆活动出现（图 2.20）。

2011—2012 年河北省填海造陆面积为 40.67 km^2，此时期沧州滨海新区附近出现规模超过 20 km^2 的围填活动，其他地区零星分布有面积小于 15 km^2 的围填活动，较为分散（图 2.21）。

2000—2014 年河北省填海造陆面积统计见表 2.3。

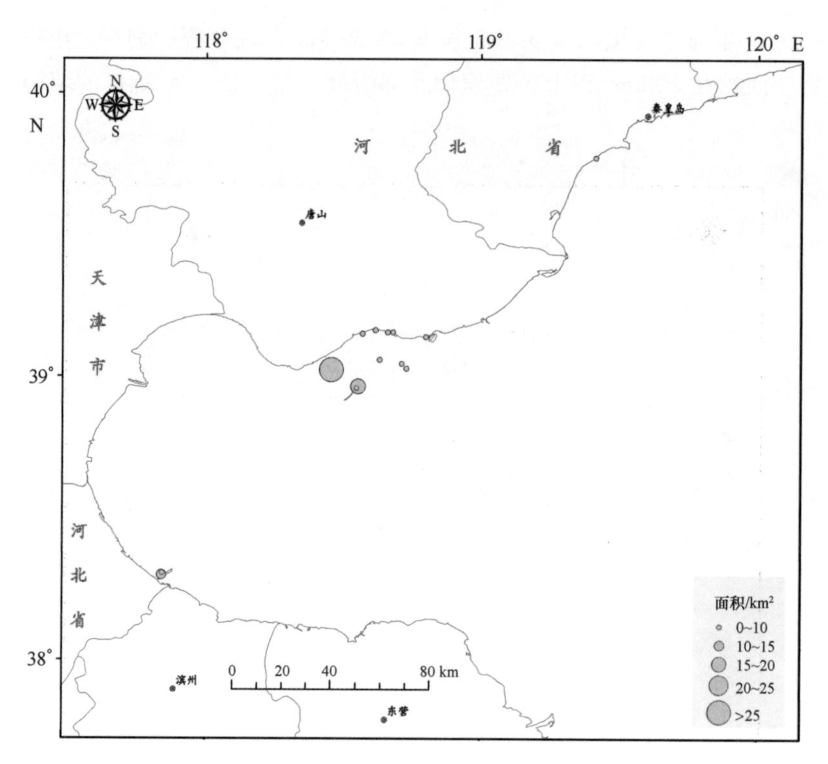

图 2.18 2005—2008 年河北省填海造陆开发强度

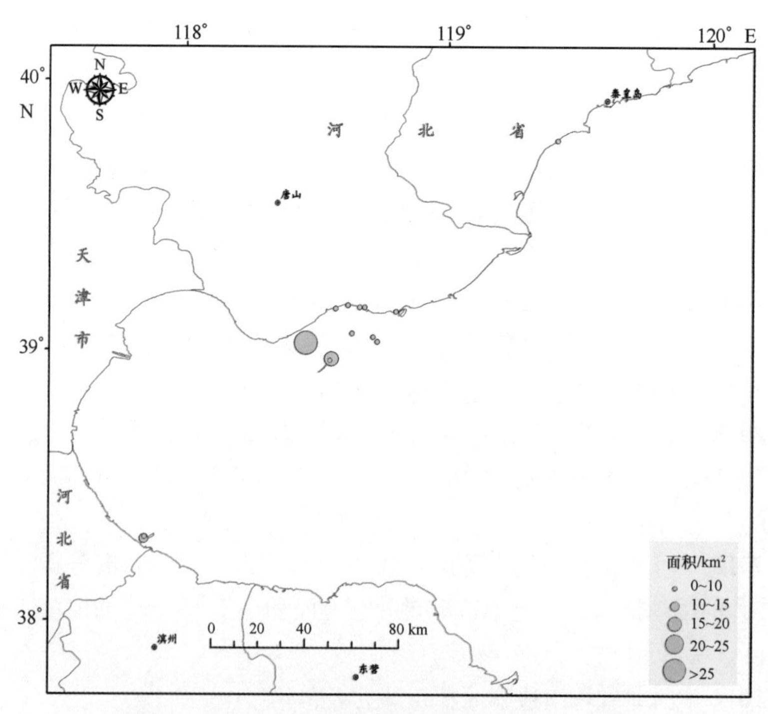

图 2.19 2008—2010 年河北省填海造陆开发强度

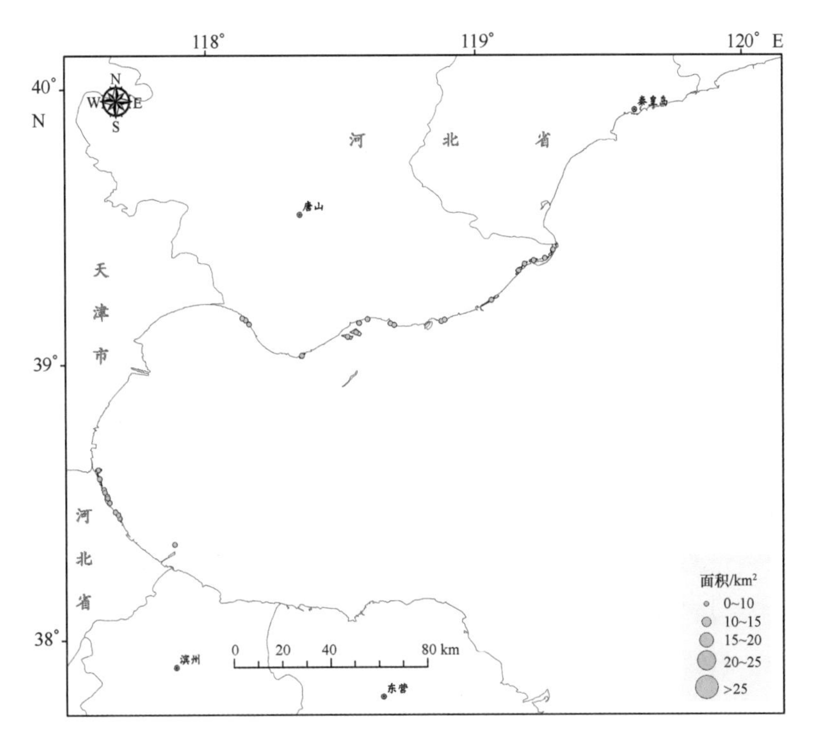

图 2.20　2010—2011 年河北省填海造陆开发强度

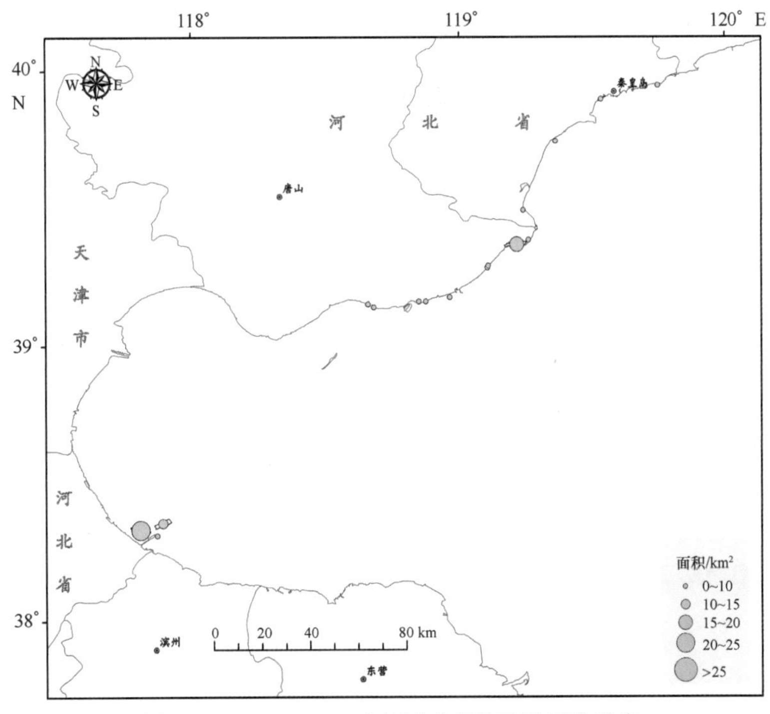

图 2.21　2011—2012 年河北省填海造陆开发强度

表 2.3　2000—2014 年河北省填海造陆面积统计　　单位：km^2

年度	2000—2005	2005—2008	2008—2010	2010—2011	2011—2012	2012—2014	合计
面积	26.39	199.44	42.09	42.72	40.67	0.00	351.31

2.4　天津市填海造陆遥感监测分析

2.4.1　天津市填海造陆空间分布分析

从 2000—2014 年经卫星遥感解译的天津市填海造陆状况来看（图 2.22），天津市的填海造陆在其近岸海域均有分布，其中天津滨海新区天津港、大港区南港工业区填海造陆活动尤为突出，占用了大片的浅海水域，永久改变了该海域的自然属性。

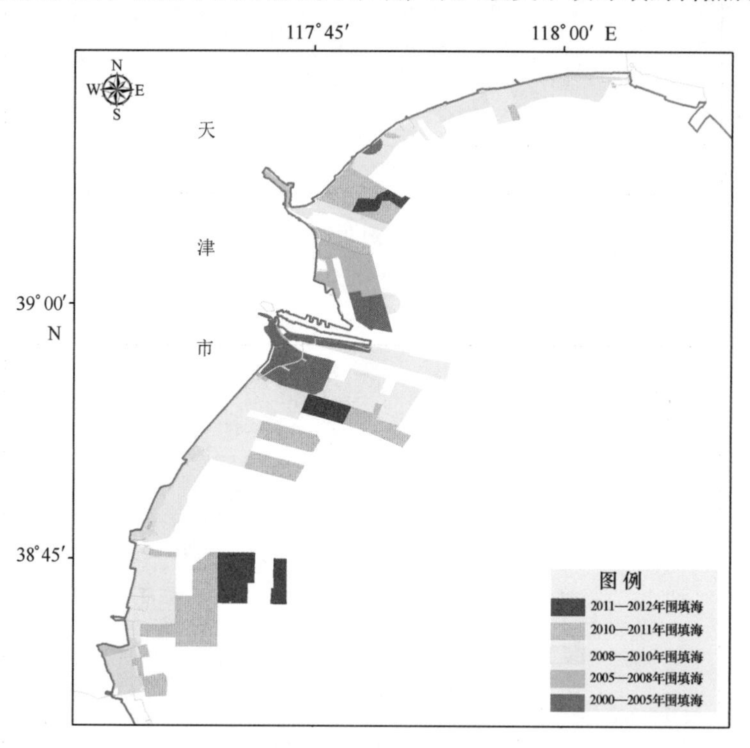

图 2.22　2000—2014 年天津市填海造陆空间分布图

2.4.2　天津市填海造陆开发强度分析

截至 2014 年，天津沿岸填海造陆面积为 349.98 km^2，每个时期基本上都存在较大规模的填海造陆活动。其中 2008—2010 年、2010—2011 年是天津市填海造陆活动最剧烈的两个时期，2000—2005 年、2005—2008 年和 2011—2012 年天津填海造陆活动相对缓慢，2012—2014年间天津市未发生填海造陆活动。

2000—2005年天津市填海造陆面积42.58 km²，平均填海造陆速度为8.52 km²/a，填海规模超过20 km²的区域主要集中在天津港北港区南北两侧，其他小规模的填海活动也集中在天津港附近海域（图2.23）。

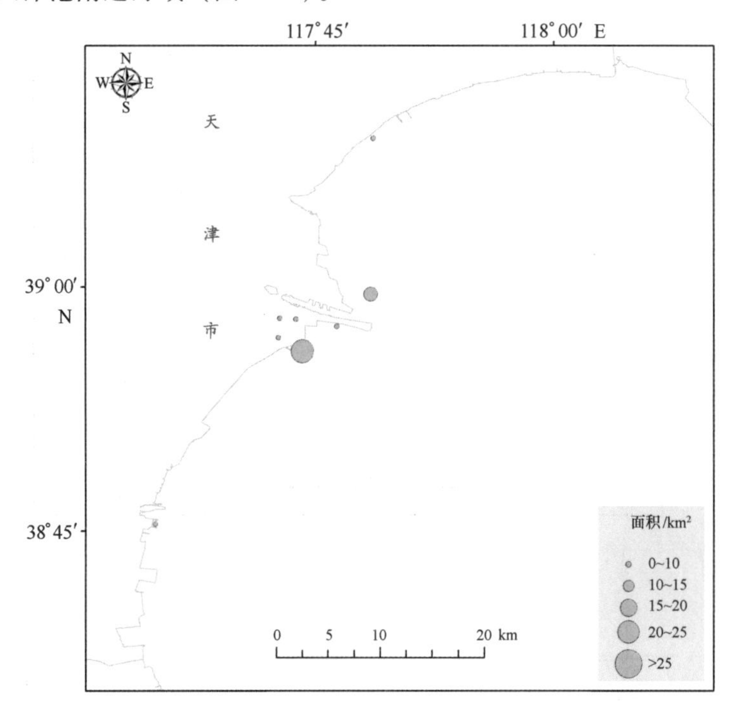

图2.23　2000—2005年天津市填海造陆开发强度

2005—2008年天津市填海造陆面积25.84 km²，平均填海造陆速度为8.61 km²/a，填海造陆速度较上一个时期有所下降，此段时期内填海造陆区域规模小于25 km²的区域主要集中在天津港北港区北侧海域（图2.24）。

2008—2010年天津市填海造陆面积为138.98 km²，平均围填速度为69.49 km²/a，填海造陆速度较上一时期大幅加剧。此段时期内规模超过15 km²的较大填海造陆活动主要分布在天津港北港区、临港经济区、南港区等区域（图2.25），围填活动较为剧烈。

2010—2011年天津市围填面积105.17 km²，填海造陆速度较上一时期仍有所增加，此段时期超过15 km²的较大规模填海造陆活动零星分布在天津沿岸（图2.26），天津港南港区填海造陆活动尤为剧烈，规模超过20 km²。

2011—2012年天津市围填面积37.41 km²，填海造陆速度较上一个时期大幅度减小，此段时期内超过15 km²的较大规模填海造陆活动主要分布在天津港南港区（图2.27），开发强度有所减缓。

2000—2014年天津市填海造陆填海造陆面积统计见表2.4。

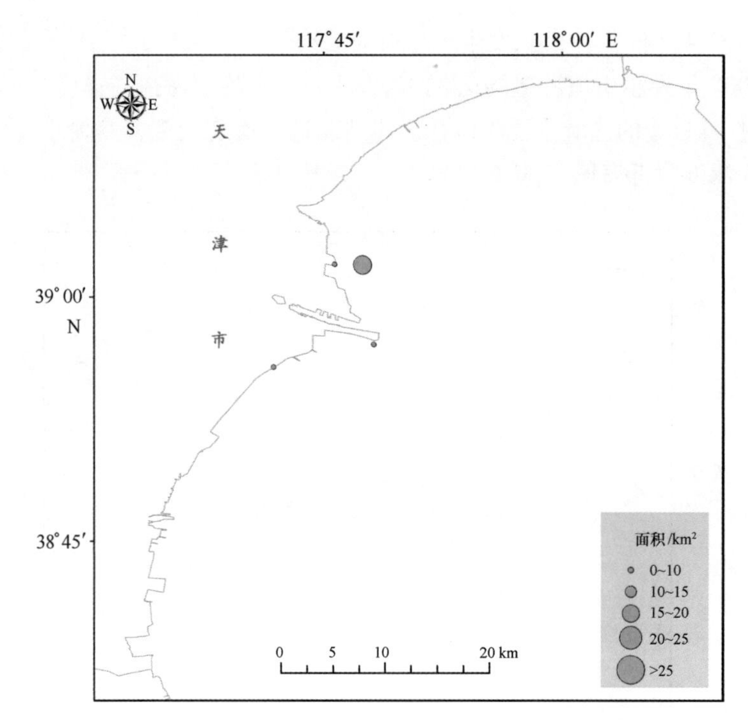

图 2.24 2005—2008 年天津市填海造陆开发强度

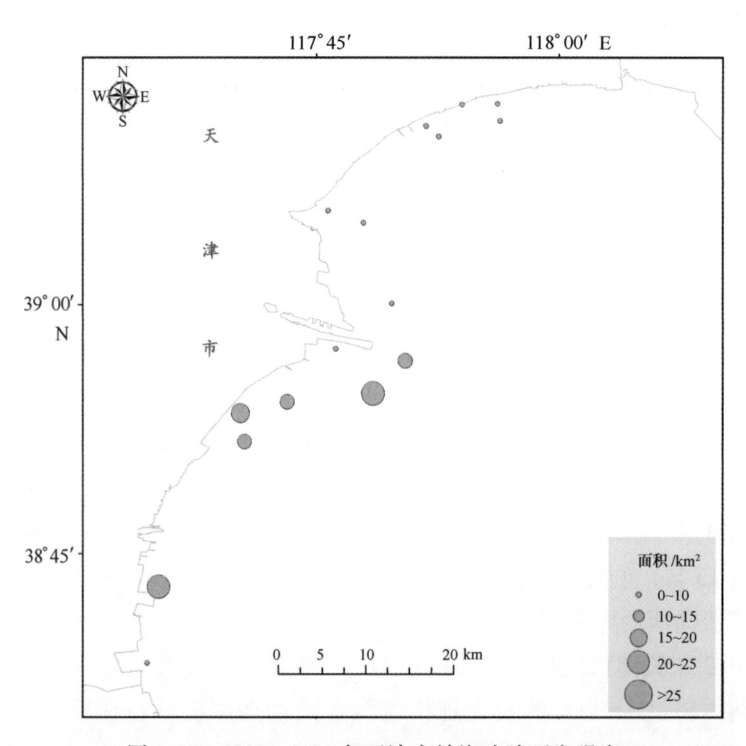

图 2.25 2008—2010 年天津市填海造陆开发强度

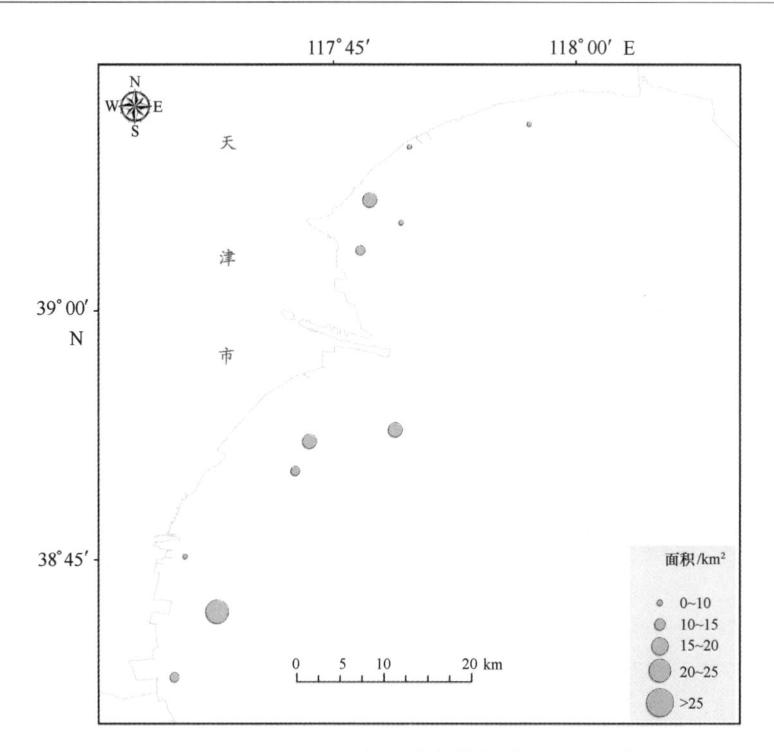

图 2.26　2010—2011 年天津市填海造陆开发强度

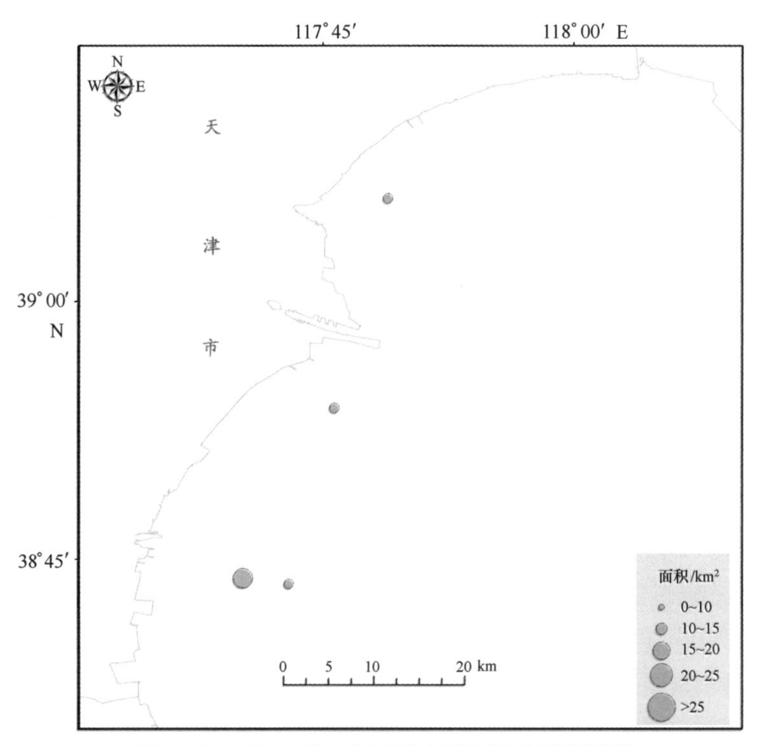

图 2.27　2011—2012 年天津市填海造陆开发强度

表 2.4 2000—2014 年天津市填海造陆面积统计 单位：km^2

年度	2000—2005	2005—2008	2008—2010	2010—2011	2011—2012	2012—2014	合计
面积	42.58	25.84	138.98	105.17	37.41	0.00	349.98

2.5 小结

综上可知，2000—2014 年度经遥感影像解译，环渤海三省一市填海造陆面积共计1 560.22 km^2。

从总量上来看，辽宁填海造陆面积最大，为 560.98 km^2，其次是河北、天津和山东，填海造陆面积分别为 351.31 km^2、349.98 km^2 和 297.95 km^2（图 2.28）。

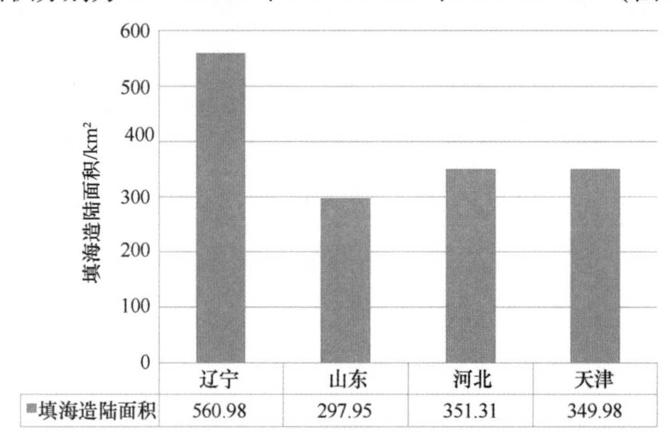

图 2.28 2000—2014 年环渤海三省一市填海造陆总量

从不同时期来看，2008—2012 年间，随着环渤海三省一市各自发布相应的沿海经济发展规划，经济布局向沿海集聚，大力发展海洋产业，向海洋要空间、要资源的需求增大，填海造陆开发处于较高强度水平，其中 2010—2011 年环渤海三省一市年均填海造陆面积为 350.31 km^2，其次为 2011—2012 年，年均填海造陆面积为 284.64 km^2。而 2012—2014 年，随着填海造陆纳入国民经济与社会发展计划，实行填海造陆面积年度计划指标总量控制管理政策成效初显，环渤海三省一市填海造陆开发强度日益减小，河北、天津基本没有进行填海造陆开发，这期间环渤海三省一市年均填海造陆面积仅为 11.05 km^2（图 2.29）。

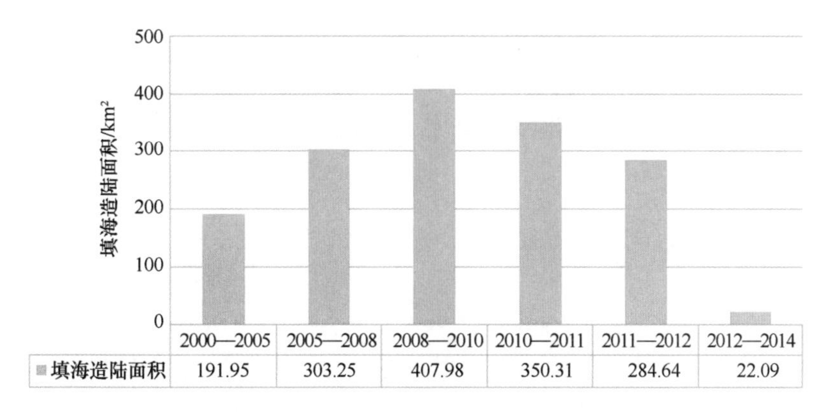

图 2.29　不同时期环渤海三省一市填海造陆面积

第3章　环渤海湿地动态变化及退化现状

滨海湿地的退化是普遍存在的现象，它是环境变化的一种反应，同时也是对环境造成威胁以及影响整个生态环境的重大问题。利用遥感与GIS技术，本书完成了辽宁省、山东省、河北省和天津市2000年、2005年、2008年、2010年、2011年、2012年和2014年滨海湿地类型、分布、变化状况以及景观格局变化的遥感解译和分析。其中滨海湿地景观格局变化主要利用景观指数景观百分比（PLAND）、斑块数（NP）、最大斑块指数（LPI）、斑块平均面积（AREA_ MN）、景观聚集度（COHESION）、边缘长度（TE）、景观类型斑块周长与面积分形维数（PAFRAC）等指标对滨海湿地景观格局进行研究，以期通过研究，能够为滨海湿地的生物多样性保护和生境改善提供理论依据。滨海湿地景观格局具体指标、含义等详见附录3。

3.1　辽宁省滨海湿地遥感监测分析

3.1.1　2000—2014年辽宁省滨海湿地时空分布变化分析

辽宁省滨海湿地类型包括碱蓬地、芦苇地、河流水面、水库坑塘、海涂、滩地、浅海水域以及其他类湿地，其中碱蓬地、芦苇地、河流水面、滩地四类湿地占较少的比例，且主要集中在辽河口附近滨海区域。水库坑塘、海涂以及其他类湿地所占比例次之，浅海水域占湿地总面积的比例最大（表3.1）。

表3.1　2000—2014年辽宁省滨海湿地面积统计　　单位：km^2

年份	碱蓬地	芦苇地	河流水面	水库与坑塘	海涂①	滩地	浅海水域	其他	合计
2000	11.86	12.39	16.37	387.32	467.77	6.36	6 835.51	375.6	8 113.18
2005	11.86	10.63	20.62	789.75	638.47	11.00	6 324.86	245.51	8 052.7
2008	11.86	10.94	21.62	852.62	656.47	9.62	6 141.02	284.34	7 988.49
2010	13.36	11.35	25.57	874.75	147.73	6.37	6 376.77	232.54	7 688.44
2011	15.48	11.05	27.28	868.08	432.2	6.87	5 950.13	299.9	7 610.99
2012	34.41	11.38	37.89	849.69	192.94	11.19	6 186.28	266.94	7 590.72
2014	40.58	9.13	92.18	1 168.36	447.09	20.10	5 617.85	175.65	7 570.94

注：①海涂面积产生较大波动主要是由于遥感影像成像时间不同所导致的。

从分布区域来看，辽宁省滨海湿地的分布主要集中在以下三大区域：一是辽东湾湿地，主要由养殖形成的水库坑塘以及辽河入海口形成的各类自然湿地和浅海水域组成；二是长兴岛周边的水库坑塘以及浅海水域组成的湿地；三是由鸭绿江口往南的滨海湿地，主要包括水库坑塘以及浅海水域。2000—2014年辽宁省滨海湿地类型及分布情况见图 3.1。

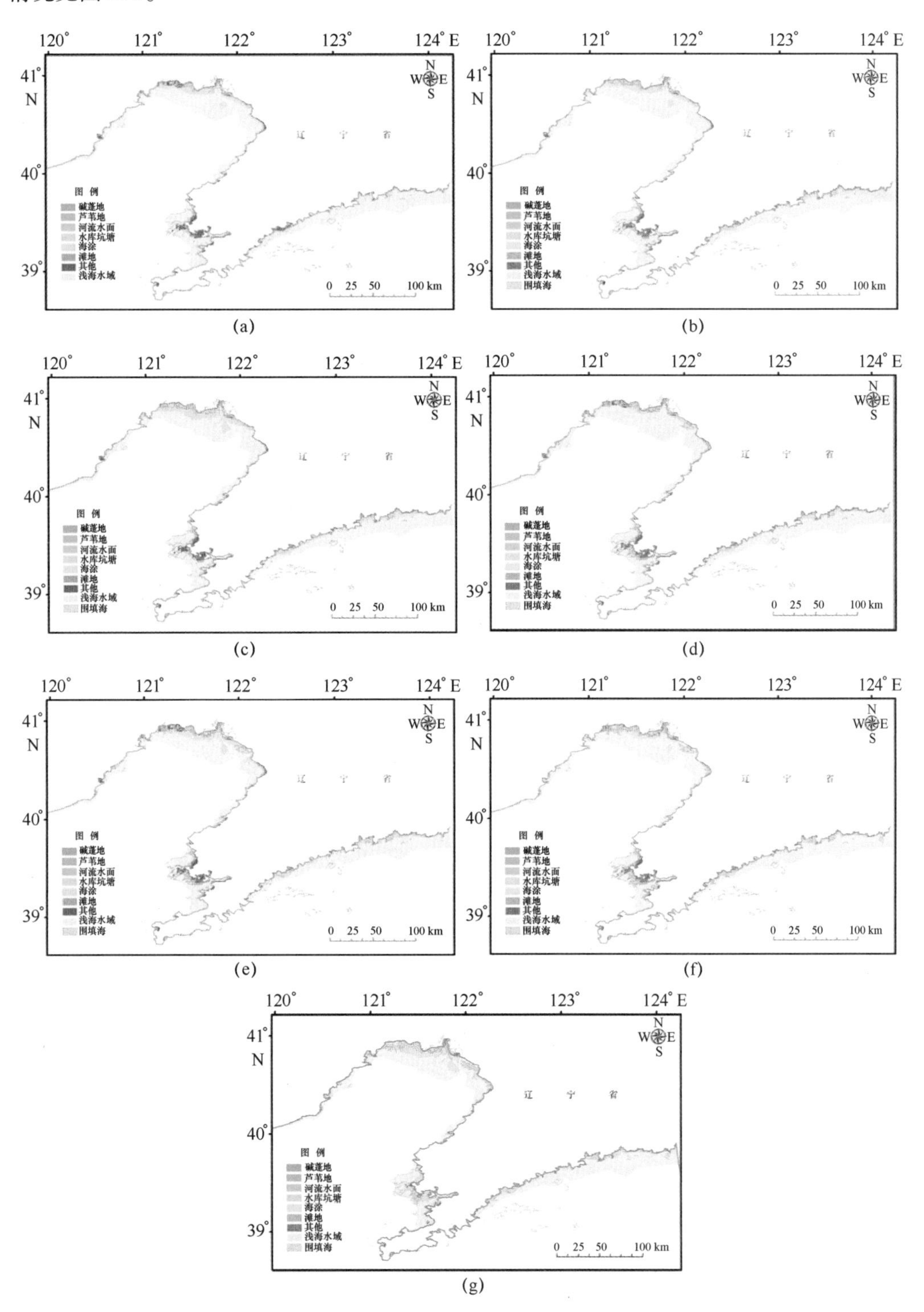

图 3.1　辽宁省滨海湿地类型分布

从变化趋势上来看，辽宁省滨海湿地总量呈下降趋势，其中2008—2012年由于大规模填海造陆，湿地总面积在这一时期减少速率最快（图3.2）。从各种滨海湿地类型的面积变化来看，浅海水域的下降趋势最为明显（图3.3）。

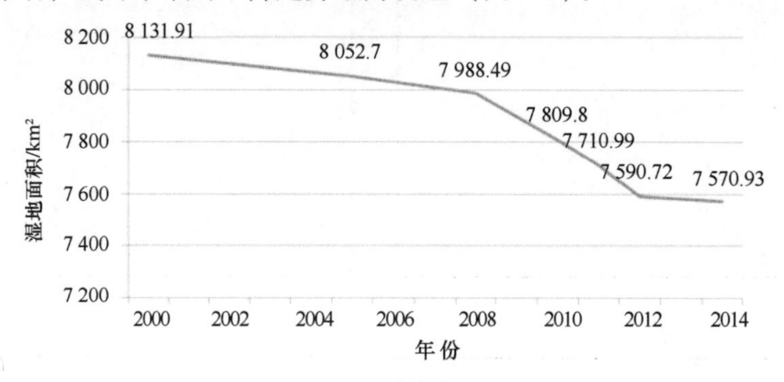

图3.2 2000—2014年辽宁省滨海湿地面积总量年度变化曲线

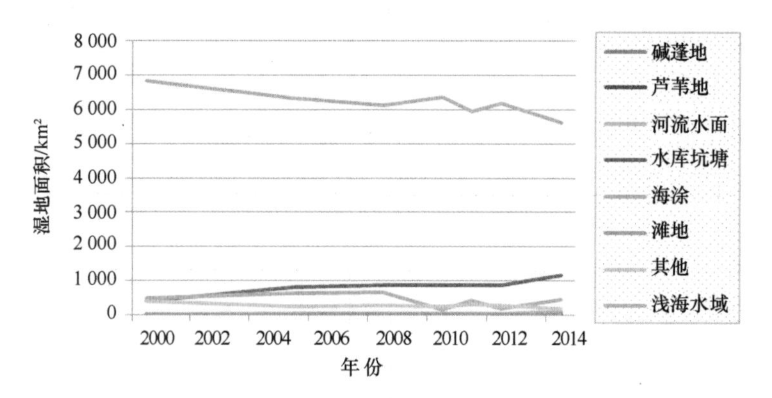

图3.3 2000—2014年辽宁省各种类型滨海湿地面积年度变化曲线

3.1.2 2000—2014年辽宁省滨海湿地景观格局变化分析

1）景观百分比（PLAND）

2000—2014年期间，辽宁省各类型滨海湿地的景观百分比变化如图3.4所示。从图3.4可以看出水库坑塘、海涂以及其他类湿地在整个辽宁省湿地类型中占有主要优势。水库坑塘在2010年之前一直处于增长的趋势，2011年有小幅减少，2012—2014年恢复增长；海涂2008年之前保持稳定，随着水库坑塘向海扩张，占用海涂面积增加，2008年之后海涂有所减少，2010—2014年海涂景观百分比呈波动的状态；其他类湿地2008年之前呈现减少的趋势，之后有小幅增加，2012—2014年其大幅减少；碱蓬地、芦苇地、河流水面、滩地四类湿地无明显变化。

2）斑块数（NP）

斑块数（NP）是测度某一景观类型范围内景观分离度与破碎性最简单的指标，反

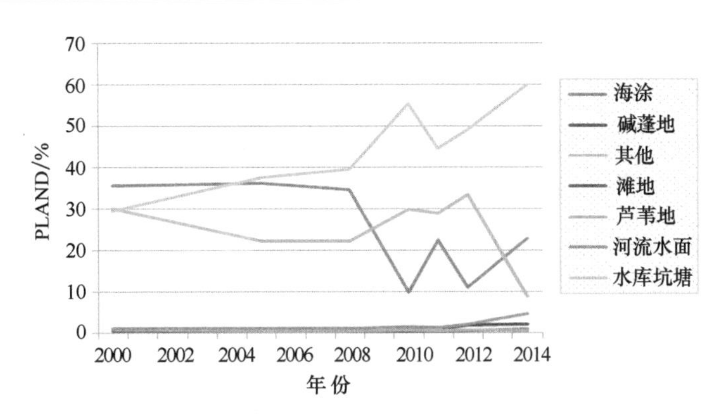

图 3.4　2000—2014 年辽宁省各种类型滨海湿地景观百分比

映景观的空间格局，描述了整个景观的异质性，其值的大小与景观的破碎度也有很好的正相关性。破碎度高低在一定程度上影响物种间相互作用和协同共生的稳定性，同时对于某些外来干扰的蔓延也具有较好的抑制作用。

2000—2012 年期间，辽宁省各类型滨海湿地的斑块数变化如图 3.5 所示。从图 3.5 可以看出，水库坑塘斑块数一直处于较为优势的地位，且在 2011 年之前处于平缓增长的趋势，2011—2012 年间有较大幅度的减少，主要是大规模养殖池形成较为连续的大斑块；其他类湿地、芦苇地、海涂的斑块数与 2008 年之前基本维持在一个水平上，保持稳定，2008 年之后出现减少趋势；2012 年河流水面斑块数有小幅度波动，随后逐渐减少；碱蓬地、滩地等类型湿地斑块数变化不大。

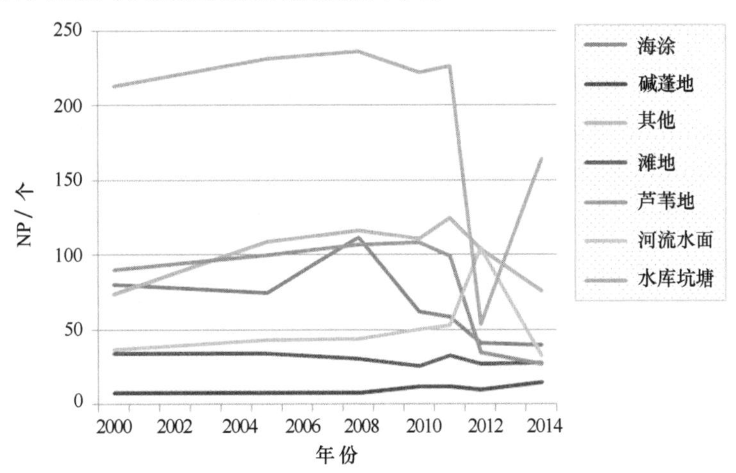

图 3.5　2000—2014 年辽宁省滨海湿地斑块数变化示意

3）最大斑块指数（LPI）

最大斑块指数（LPI）指整个景观被大斑块占据的程度，是优势度的一个简单测度。该指数反映了最大斑块对整个景观的影响程度，有助于确定景观的优势类型，表明景观格局由少数大斑块控制、大斑块占优势地位的程度，其值的大小决定着景观中的优势种、内部种的丰度等生态特征。

2000—2012 年期间，辽宁省各类型滨海湿地的最大斑块指数变化如图 3.6 所示。从图 3.6 可以看出，除 2010 年和 2014 年辽宁省滨海湿地优势种类为水库坑塘外，其余年份均为海涂。碱蓬地、芦苇地、滩地、河流水面最大斑块指数较小，且变化不大。

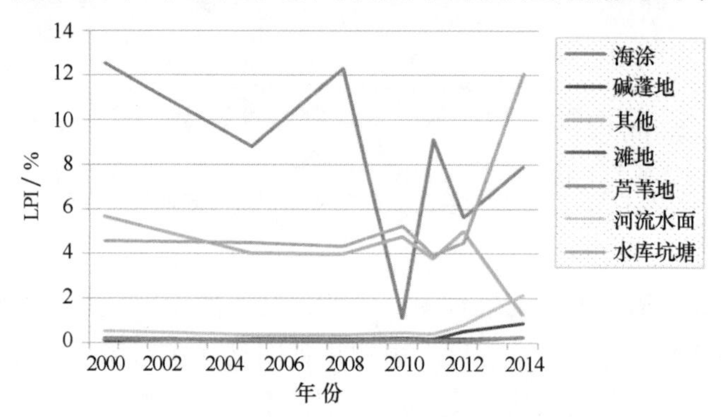

图 3.6 2000—2014 年辽宁省滨海湿地最大斑块指数变化示意

4）斑块平均面积（AREA_ MN）

斑块平均面积（AREA_ MN）用于描述景观粒度，在一定意义上揭示景观破碎化程度，是景观类型数量和面积的综合测度，可以表征不同类型景观的破碎度，一般与总面积或斑块数目、最大斑块指数联合使用，解释景观类型的破碎度、优势度、均匀度。斑块平均面积代表一种平均状况，在景观结构分析中反映两方面的意义：一方面景观中斑块平均面积的分布区间对图像或地图的范围以及对景观中最小斑块粒径的选取有制约作用；另一方面斑块平均面积可以表征景观的破碎程度，如我们认为在景观级别上一个具有较小斑块平均面积值的景观比一个具有较大斑块平均面积值的景观更破碎，同样在斑块级别上，一个具有较小斑块平均面积值的斑块类型比一个具有较大斑块平均面积值的斑块类型更破碎。

2000—2014 年期间，辽宁省各类型滨海湿地的斑块平均面积变化如图 3.7 所示。从整体上看，海涂斑块平均面积最大，芦苇地的斑块平均面积最小，水库坑塘、碱蓬地和河流水面的斑块平均面积有所增加，其他类湿地的斑块平均面积有所减少，由此可以反映出近年来芦苇地的破碎度较高，水库坑塘、碱蓬和和河流水面破碎度有所改善，其他类湿地的破碎度有所增加。滩地、芦苇地湿地斑块平均面积一直处于较为稳定的状态，变化不大。

5）斑块形状指标

斑块形状指标是描述景观的重要因子，是景观空间结构度量中的一个重要特征。本书选取边缘长度（TE）指标和周长-面积分维数（PAFRAC）两个指标。

边缘长度（TE）反映了各种扩散过程（能流、物流和物种流）的可能性，对生物

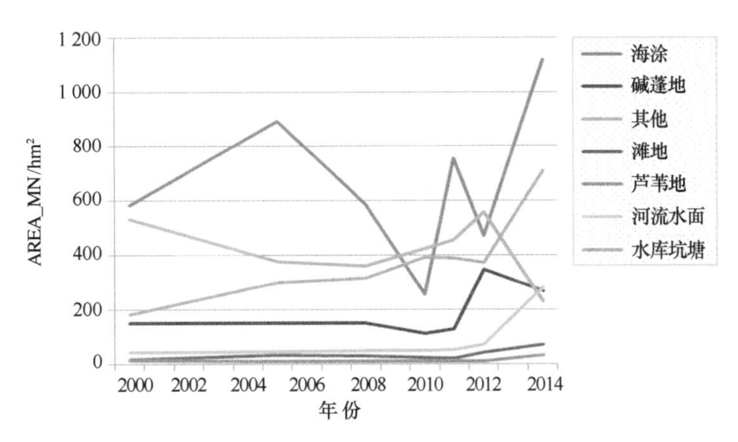

图 3.7　2000—2014 年辽宁省滨海湿地斑块平均面积变化示意

物种的扩散和觅食有直接反映。2000—2014 年期间，辽宁省各类型滨海湿地的边缘长度变化如表 3.2 所示。其中水库坑塘、海涂以及其他类湿地边缘长度较长，碱蓬地、芦苇地、河流水面以及滩地边缘长度与其他类湿地差距较大。

表 3.2　2000—2014 年辽宁省景观斑块边缘长度指标分析计算结果　　单位：m

类型	2000 年	2005 年	2008 年	2010 年	2011 年	2012 年	2014 年
碱蓬地	53 400	53 300	53 300	59 400	90 600	106 500	140 600
芦苇地	89 000	84 800	88 100	90 800	87 500	89 600	57 400
河流水面	94 200	113 800	119 900	139 500	173 300	181 300	254 300
水库坑塘	606 800	793 300	816 800	621 400	625 300	473 200	524 300
海涂	431 700	553 200	572 800	310 500	401 100	268 700	416 800
滩地	35 600	54 200	48 800	37 100	37 400	49 300	86 500
其他	350 400	206 600	216 300	233 700	309 000	157 800	154 300

景观类型斑块周长与面积的分形维数（PAFRAC），用于揭示各景观组分的边界褶皱程度，各景观组分遵从一致的分形规律。对二维空间的斑块来说，当分维数大于 1，表示偏离欧几里得几何形状（如正方形和矩形），当斑块边界形状极为复杂时，分维数趋于 2，即直观地理解为不规则几何形状的非整数维数。这些不规则的非欧几里得几何形周长—面积分维数越小，景观形状越复杂；越趋近于 1，则斑块的几何形状越趋向简单，表明受干扰的程度越大。这是因为人类干扰所形成的斑块一般几何形状较为规则，因而易于出现相似的斑块形状。

2000—2014 年辽宁省各种类型湿地的 PAFRAC 指数在 1.10～1.50 之间浮动（表 3.3）。碱蓬地、海涂、滩地和其他类湿地 PAFRAC 指数相对较低，具有较为规则的斑块形状，表明受人为干扰的程度较高，芦苇地和河流水面 PAFRAC 指数相对较高，显示其形状较为复杂，规则程度不高，受人为干扰的程度较低。其中芦苇地 PAFRAC 指数2012年之前较高，一直保持在1.4以上，但2014年该指数有所降低，显示芦苇地的形状正在朝向规则形转变，可能是由于政府开展了湿地生态修复，重建芦苇地所导致的。

表3.3 2000—2014年辽宁省景观类型斑块周长与面积分形维数（PAFRAC）指标分析计算结果

类型	2000年	2005年	2008年	2010年	2011年	2012年	2014年
碱蓬地	N/A	N/A	N/A	1.197 5	1.142 5	1.142 6	1.388
芦苇地	1.443 9	1.472 6	1.469 3	1.465	1.468 7	1.466 3	1.359 5
河流水面	1.409 8	1.372 8	1.371 4	1.371 3	1.408 9	1.367 5	1.332 3
水库坑塘	1.264 7	1.267 5	1.268 3	1.251 9	1.249 7	1.246 9	1.267 7
海涂	1.274 5	1.255 2	1.248 7	1.297 6	1.247 9	1.271 9	1.229 4
滩地	1.306 5	1.318 6	1.332 4	1.365 3	1.337	1.303 2	1.28
其他	1.188 8	1.231 8	1.212 6	1.211 7	1.217	1.208 5	1.248 3

N/A：斑块数量少于10时，所得结果超出指数理论范围，不是统计意义，下同。

6）景观异质性

异质性（heterogeneity）是景观的重要属性，通过景观聚集度和景观多样性加以描述和分析。

斑块聚集度指数是景观自然连通性的测度。在斑块类型水平，聚集度指数描述景观中同一景观类型斑块之间的自然衔接程度，即斑块类型之间的相互分散性，值越大，说明景观的空间连通性越高。随着核心斑块面积的百分比减少，景观变得越来越分散、越不连接时，斑块的聚集度指数为0；斑块聚集度指数随着核心斑块面积百分比的增加而增加，直到渐近线接近临界阈值。但当渐近线超出临界阈值时，斑块的聚集度指数对斑块的空间配置将变得不是很敏感。

2000—2014年期间辽宁省各类型滨海湿地的斑块聚集度指数变化如图3.8所示。除滩地和芦苇地外，辽宁各类型湿地聚集度均在90%以上，聚集程度较高，景观自然连通性较好。

景观多样性是景观在结构、功能以及随时间变化方面的多样性，它反映了景观的复杂性。2000—2014年期间辽宁省景观多样性指数呈下降趋势，其中2000—2008年期间景观多样性减少十分明显（图3.9），表明辽宁省湿地呈现结构逐渐简单化的趋势。

3.2 山东省滨海湿地遥感监测分析

3.2.1 2000—2014年山东省滨海湿地时空分布变化分析

2000—2014年山东省滨海湿地类型主要包括碱蓬地、芦苇地、河流水面、水库坑塘、海涂、滩地、浅海水域以及其他类湿地。其中水库坑塘、海涂、浅海水域以及其

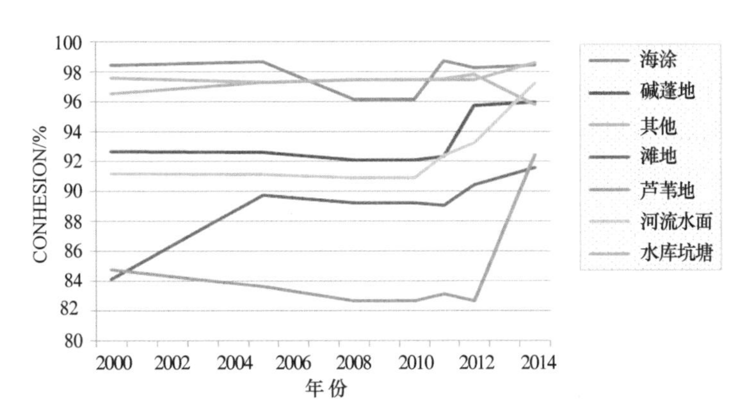

图 3.8　2000—2014 年辽宁省滨海湿地聚集度指数变化示意

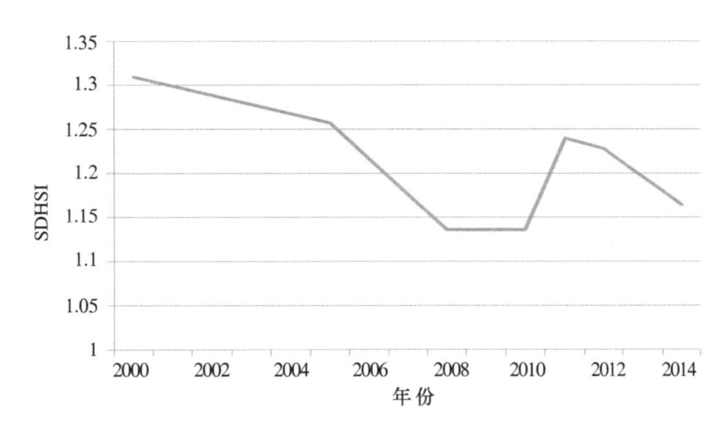

图 3.9　2000—2014 年辽宁省滨海湿地多样性指数变化示意

他类湿地是主要的滨海湿地类型，占总湿地面积的比重较大，而碱蓬地、芦苇地、河流水面以及滩地占有相对较小的比重。

表 3.4　2000—2014 年山东省滨海湿地面积统计　　单位：km^2

年份	碱蓬地	芦苇地	河流水面	水库与坑塘	海涂	滩地	浅海水域	其他	合计
2000	49.07	52.06	99.19	328.19	911.31	573.08	5 691.01	295.36	7 999.27
2005	3.62	46.4	130.9	924.38	802.79	451.07	5 142.59	453.75	7 955.5
2008	3.38	44.95	112.71	1 368.05	1 173.46	117.33	4 835.11	286.75	7 941.74
2010	6.7	35.52	91.53	1 475.41	775.56	77.96	5 132.92	297.92	7 893.52
2011	10.1	35.86	93.03	1 329.92	890.11	115.15	4 891.89	423.85	7 789.91
2012	4.54	36.93	110.09	1 379.27	1 007.46	89.46	4 682.66	393.21	7 703.62
2014	43.56	36.89	139.90	1 315.20	866.53	157.93	4 743.25	398.07	7 701.33

从分布区域来看，山东省滨海湿地的分布大部分集中在北部渤海海域的莱州湾、

黄河口以及滨州沿海区域，北黄海海域的胶州湾、丁字湾等区域也有分布。2000—2014 年山东省滨海湿地类型及分布情况见图 3.10。

从总面积变化趋势上分析（图 3.11），2000—2014 年期间，山东省滨海湿地总面积是呈降低趋势，主要分为三个阶段：第一阶段为 2000—2008 年，呈现缓慢减少的趋势；第二阶段为 2008—2012 年，呈现较快的减少趋势；2012—2014 年呈现稳定状态，三个阶段湿地总面积减少近 300 km^2 余。

图 3.12 显示了 2000—2014 年期间山东省各种湿地类型的面积变化情况，占有主要地位的浅海水域湿地呈现缓慢减少的趋势，水库坑塘的面积整体呈现缓慢增长的趋势，其他几类湿地面积变化不大。

3.2.2 2000—2014 年山东省滨海湿地景观格局变化分析

1）景观百分比（PLAND）

图 3.13 中为 2000—2014 年山东省各类湿地景观百分比。从图 3.13 中可以看出，山东省各时期滨海湿地景观变化比较剧烈。其中水库坑塘、海涂、滩地以及其他类湿地景观变化较为明显，2005 年之前海涂以及滩地占有较大的比重，但呈现逐年下降的趋势，滩地在 2008 年后在整个景观格局中占比降到最低并且以后都保持稳定；水库坑塘景观呈现增加态势；其他类湿地景观在 2005 年之前呈现增加的趋势，但在 2012—2014 年出现较大幅度的减少；碱蓬地、芦苇地、河流水面三类湿地景观保持稳定，基本未发生改变。

2）斑块数（NP）

2000—2014 年期间山东省各类型滨海湿地的斑块数变化如图 3.14 所示。海涂、水库坑塘斑块数波动较为明显，呈先增多后减少的趋势，碱蓬地的斑块数自 2012 年以来有所增加，其他几类湿地的斑块数量都保持较稳定的变化趋势，没有出现较大波动。

3）最大斑块指数（LPI）

2000—2014 年期间，山东省各类型滨海湿地的最大斑块指数变化如图 3.15 所示。从图 3.15 中可以看出，山东省滨海湿地景观的优势种类主要为海涂和其他类湿地，滩地在 2008 年以前也是滨海湿地的优势种类，但自此以后最大斑块指数逐渐减小，已经不能形成滨海湿地景观的优势种类。从 2012 年以后，水库坑塘成为山东省滨海湿地的主要景观之一。碱蓬地、芦苇地、河流水面三类湿地最大斑块指数保持稳定，变化不大。

4）斑块平均面积（AREA_ MN）

2000—2014 年期间，山东省各类型滨海湿地的斑块平均面积变化如图 3.16 所示。总体来看，水库坑塘斑块平均面积有所增加，芦苇地、河流水面斑块平均面积较为稳定，除此之外，其他几类湿地的斑块平均面积整体呈下降趋势。由此可见，整体上山东省的湿地破碎化程度有所增大，其中水库坑塘的破碎化程度有所降低，芦苇地、河流水面破碎化程度较为稳定，其他各类湿地破碎化程度整体上有所增加。

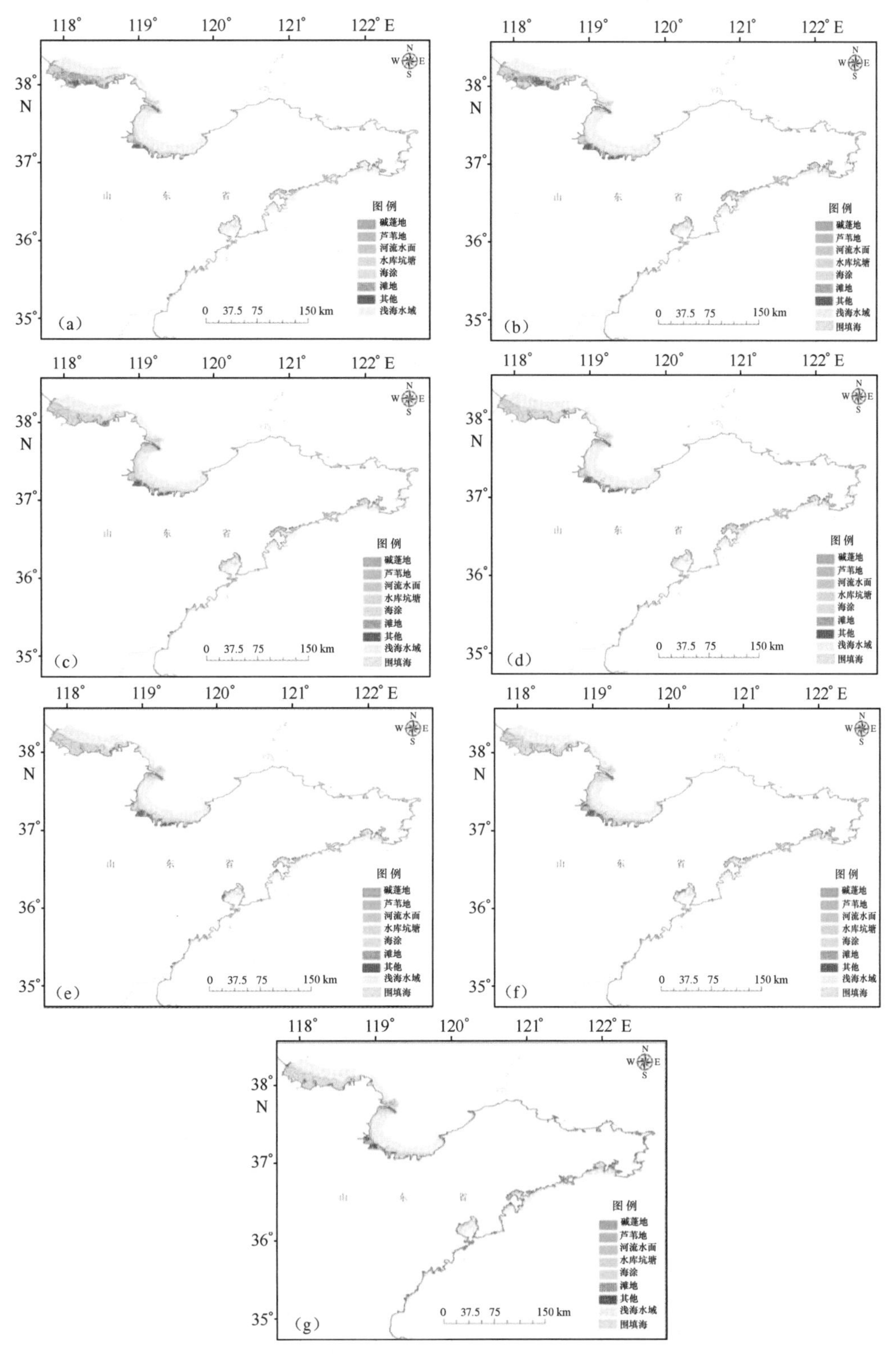

图 3.10　山东省滨海湿地类型分布

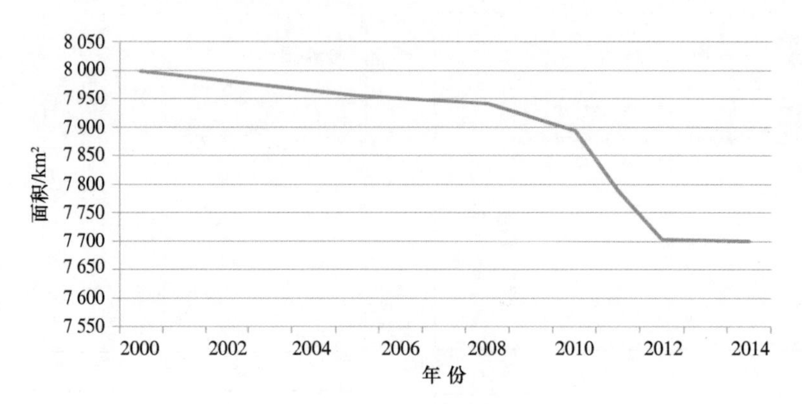

图 3. 11　2000—2012 年山东省湿地总面积年度变化曲线

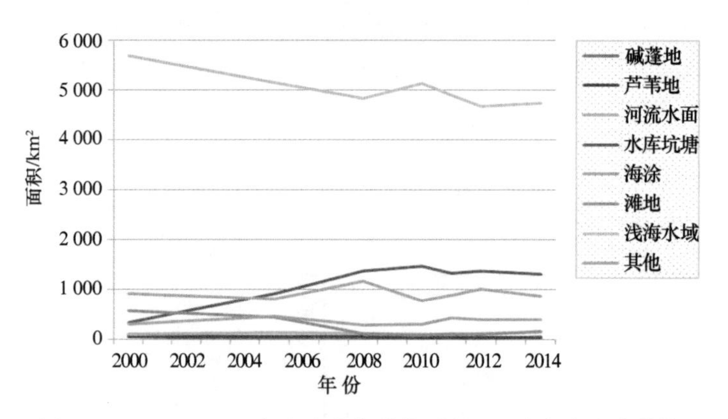

图 3. 12　2000—2012 年山东省各种类型湿地面积年度变化曲线

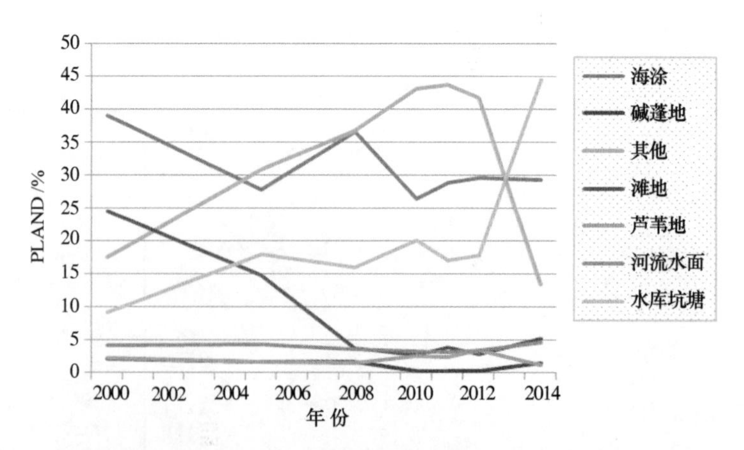

图 3. 13　2000—2014 年山东省各种类型滨海湿地景观百分比

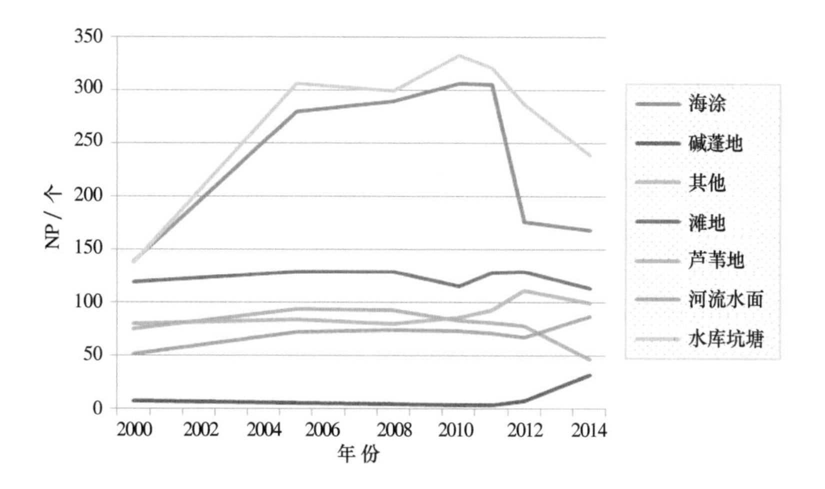

图 3.14　2000—2014 年山东省各种类型滨海湿地斑块数变化示意

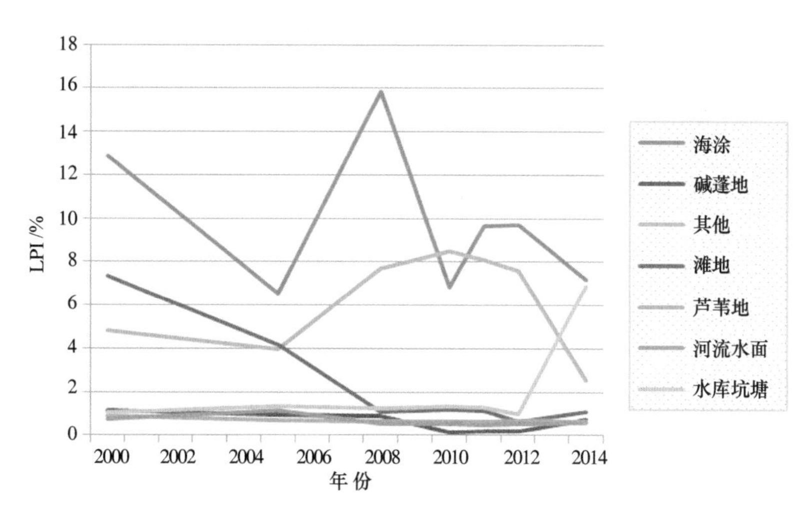

图 3.15　2000—2014 年山东省各种滨海湿地最大斑块指数变化示意

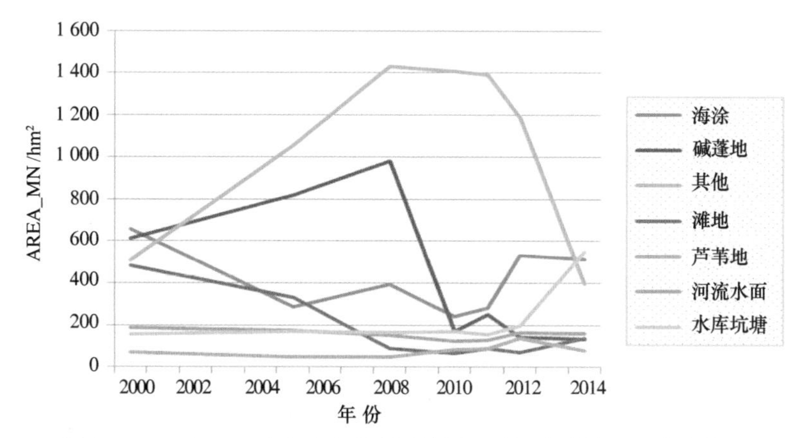

图 3.16　2000—2014 年山东省各种滨海湿地斑块平均面积变化示意

5）斑块形状指标

2000—2014 年期间，山东省各类型滨海湿地的边缘长度变化统计如表 3.5 所示，碱蓬地、芦苇地、滩地边缘长度减少较大；河流水面、水库坑塘、海涂边缘长度有所增加；其他类湿地变化不大。

表 3.5 2000—2014 年山东省各种滨海湿地景观斑块形状指标分析计算结果

单位：m

类型	2000 年	2005 年	2008 年	2010 年	2011 年	2012 年	2014 年
碱蓬地	128 400	27 500	22 200	32 700	40 200	19 300	143 600
芦苇地	183 200	198 500	197 600	167 800	169 000	133 000	139 200
河流水面	610 700	770 300	764 500	707 200	738 100	775 500	980 600
水库坑塘	414 200	719 300	921 200	940 000	830 000	995 400	1 118 300
海涂	602 200	687 000	671 300	709 500	660 800	858 400	986 900
滩地	1 026 500	947 600	529 400	410 900	460 500	455 900	518 100
其他	359 500	439 500	250 500	239 600	306 500	334 000	514 300

山东省各种类型湿地的 PAFRAC 指数（表 3.6）在 1.10~1.60 之间浮动。其中河流水面、芦苇地的分维数较高，斑块呈现较为复杂的形状，表明受人为干扰较少；水库坑塘以及其他类湿地的 PAFRAC 指数较低，说明斑块形状较为规则；碱蓬地由于斑块数较少，仅 2014 年有结果为 1.299，与海涂、滩地的 PAFRAC 指数较为相近，形状规则度较水库坑塘和其他类湿地相比较低。

表 3.6 2000—2014 年山东省各种滨海湿地景观类型斑块周长与面积分形维数（PAFRAC）指标计算结果

类型	2000 年	2005 年	2008 年	2010 年	2011 年	2012 年	2014 年
碱蓬地	N/A	N/A	N/A	N/A	N/A	N/A	1.299 4
芦苇地	1.350 7	1.392 4	1.392 6	1.416 9	1.407 6	1.353 4	1.339 7
河流水面	1.503	1.501 5	1.513 5	1.519 8	1.534 3	1.526 2	1.518 5
水库坑塘	1.198 7	1.258 3	1.254 7	1.243 2	1.247 9	1.227 9	1.232 9
海涂	1.293 8	1.361	1.366 5	1.371	1.325	1.276 5	1.282 5
滩地	1.272 6	1.295 6	1.391 5	1.407 5	1.387	1.406 4	1.327 4
其他	1.195	1.165 9	1.176 3	1.211 6	1.197 9	1.192 8	1.210 8

6）景观异质性

2000—2014 年间山东省各类型滨海湿地的斑块聚集度指数变化如图 3.17 所示。从图 3.17 可以看出，山东省各类湿地聚集度较高，均在 92%以上，其中海涂和其他类湿地聚集度最高，景观自然连通性最好；碱蓬地和滩地波动较大，至 2010 年聚集度降至最低；芦苇地以及河流水面聚集程度保持稳定；水库坑塘 2012 年之前聚集度保持稳定，之后聚集程度小幅度增加。

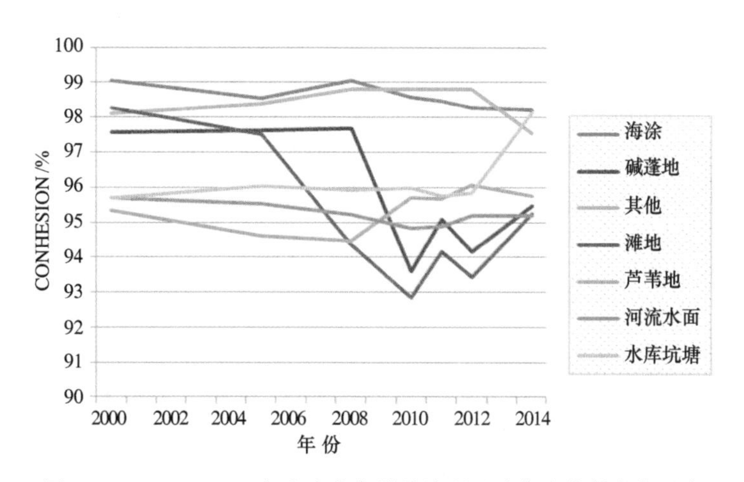

图 3.17　2000—2014 年山东省各类滨海湿地聚集度指数变化示意

山东省 2000—2014 年湿地景观多样性整体上呈现降低趋势，2005 年之前小幅增加，2005—2008 多样性大幅降低，之后基本处于稳定状态，表明山东省湿地结构呈现出由多样性逐渐向单一化转变的趋势。

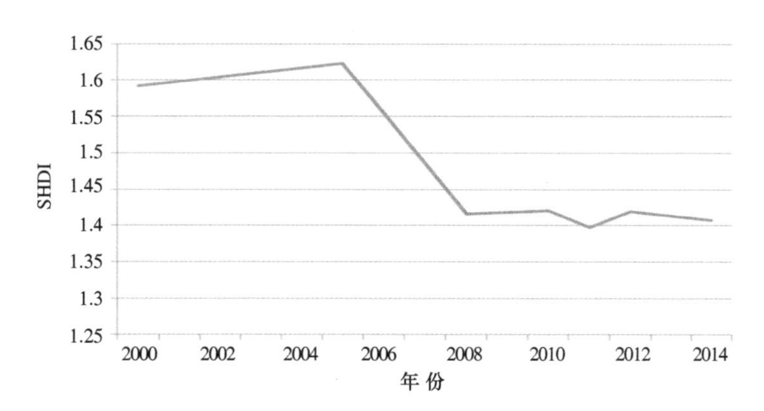

图 3.18　2000—2014 年山东省各类滨海湿地多样性指数变化示意

3.3 河北省滨海湿地遥感监测分析

3.3.1 2000—2014 年河北省滨海湿地时空分布变化分析

2000—2014 年河北省滨海湿地主要集中在沧州、曹妃甸以及北部地区沿海区域，主要类型有碱蓬地、芦苇地、河流水面、水库坑塘、海涂、滩地、浅海水域以及其他类湿地组成。其中除浅海水域占湿地总面积比重较大外，水库坑塘相对于其他几类湿地也占有较为优势的地位，其次为海涂以及其他类湿地；碱蓬地、芦苇地、河流水面、滩地的面积较少，芦苇地在 2005 年以后彻底消失，2014 年在月牙岛发现存在少量芦苇地。2000—2014 年河北省滨海湿地类型及分布情况见图 3.19 和表 3.7。

表 3.9 2000—2014 年河北省滨海湿地面积统计 单位：km^2

年份	碱蓬地	芦苇地	河流水面	水库与坑塘	海涂	滩地	浅海水域	其他	合计
2000	9.39	2.73	11.52	127.16	143.02	7.47	2 549.56	82.46	2 933.31
2005	5.89	0	11.52	213.75	125.71	6.23	2 156.91	3.16	2 523.17
2008	7.28	0	11.52	213.46	166.88	5.74	1 905.3	13.55	2 323.73
2010	10.68	0	11.41	197.98	76.51	2.21	1 952.64	30.21	2 281.64
2011	6.12	0	11.44	190.9	34.45	1.08	1 958.14	36.79	2 238.92
2012	1.18	0	12.37	192.26	144.37	1.27	1 809.21	37.59	2 198.25
2014	1.18	0.61	12.38	195.15	135.50	1.28	1 802.19	49.96	2 198.25

从变化趋势上来看，2000—2014 年，河北省滨海湿地总面积呈逐年减小趋势。其中浅海水域面积整体呈现减小的趋势，海涂、水库坑塘、碱蓬地、河流水面、滩地、其他类湿地面积年际变化不大。

3.3.2 2000—2014 年河北省滨海湿地景观格局变化分析

1）景观百分比（PLAND）

图 3.22 中为 2000—2014 年河北省各类湿地景观百分比。从图 3.22 可以看出，河北省占主要地位的湿地类型为水库坑塘、海涂以及其他类湿地，其中水库坑塘景观百分比处于增长趋势，海涂及其他类湿地景观百分比有所降低；滩地、碱蓬地等其他各类湿地景观百分比变化不大，基本处于稳定态势。

2）斑块数（NP）

2000—2014 年期间，河北省各类型滨海湿地的斑块数变化如图 3.23 所示。2008 年之前各类湿地斑块数保持稳定，但之后除芦苇地、滩地及河流水面 3 种类型的湿地斑块数保持稳定外，其他各类滨海湿地斑块数发生明显变化，其中碱蓬地、海涂斑块数呈现减少趋势，水库坑塘、其他类湿地斑块数呈现增加趋势。

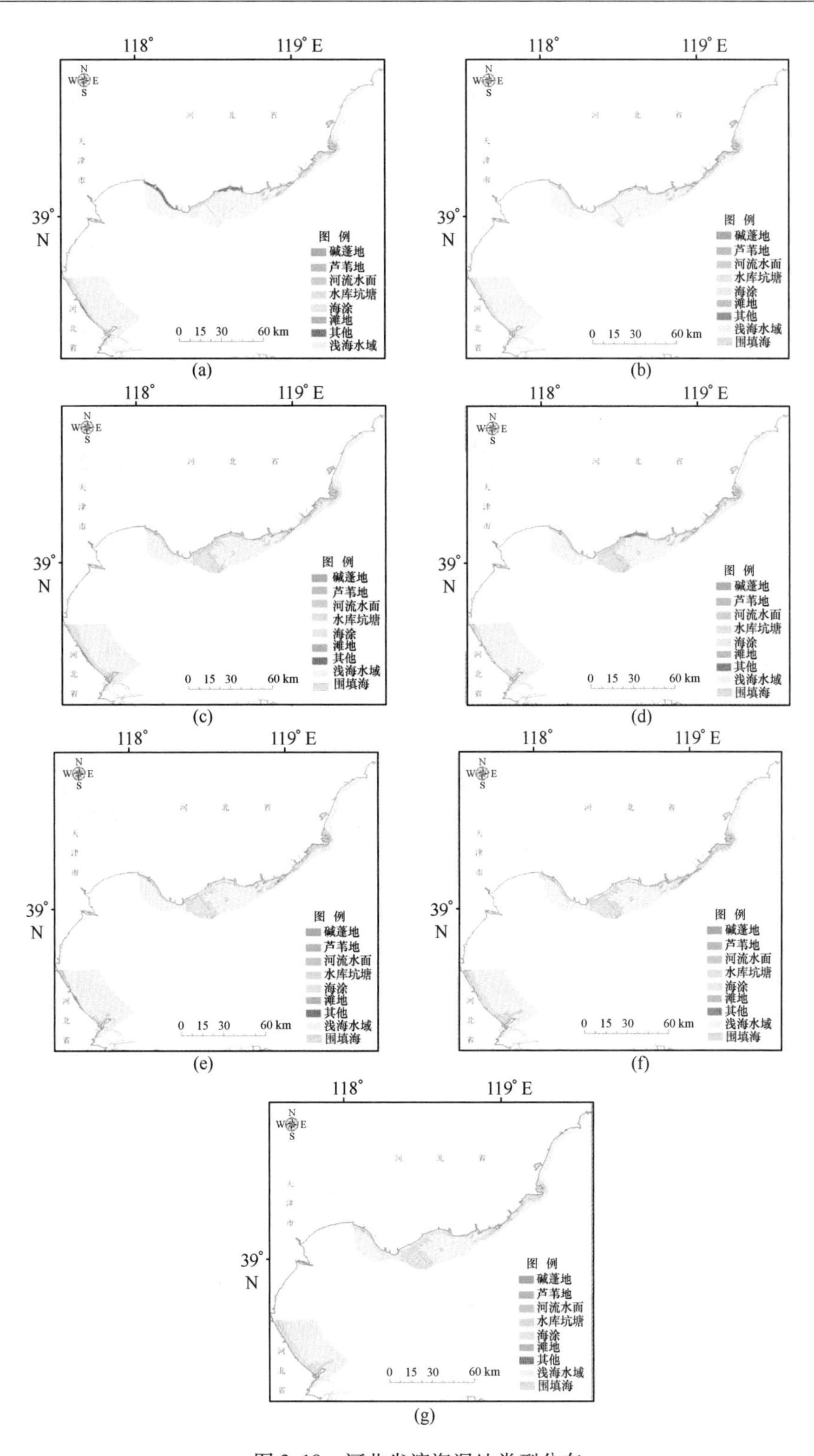

图 3.19　河北省滨海湿地类型分布

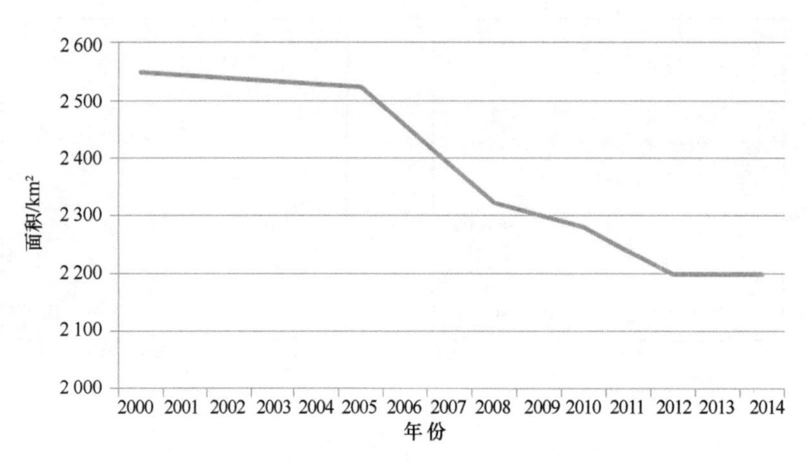

图 3.20　2000—2014 年河北省滨海湿地总面积年度变化曲线

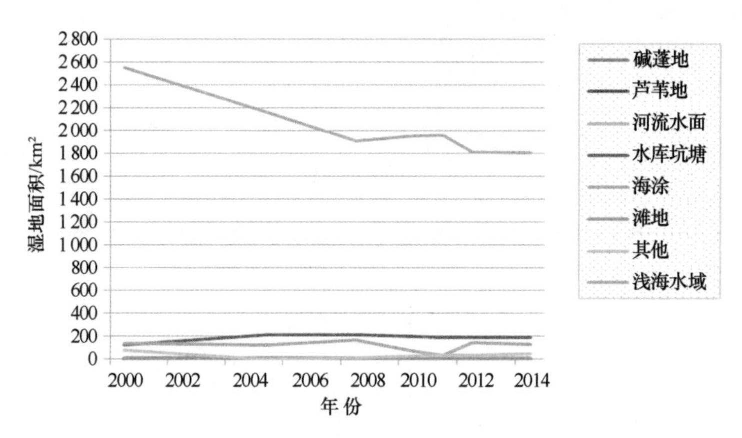

图 3.21　2000—2014 年河北省各种类型滨海湿地面积年度变化曲线

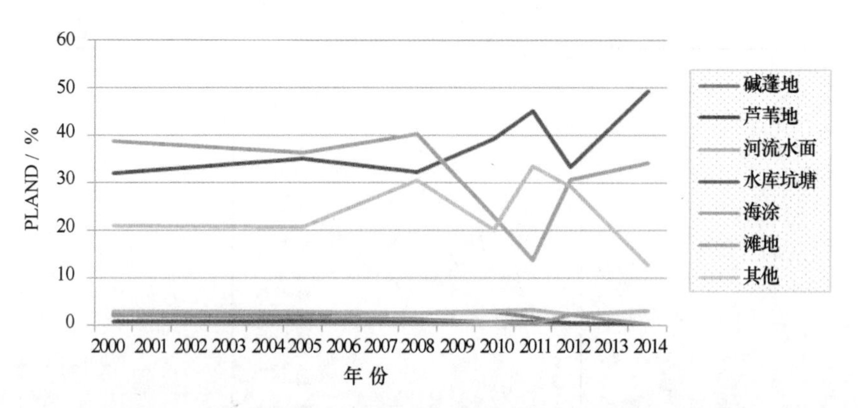

图 3.22　2000—2014 年河北省各种类型滨海湿地景观百分比

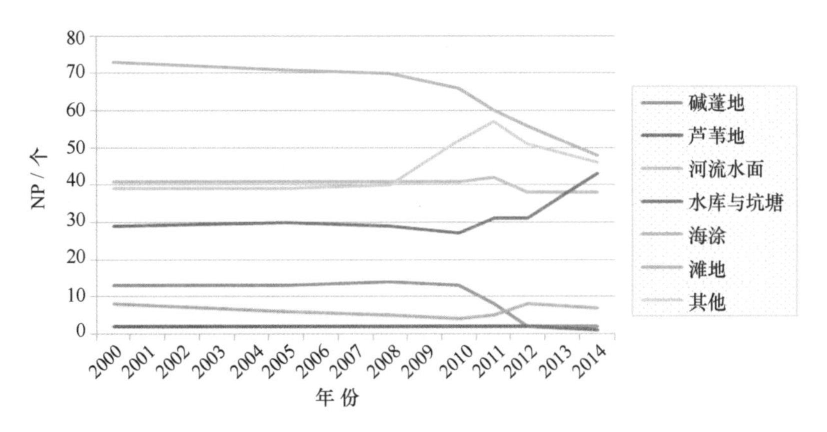

图 3.23　2000—2014 年河北省各种类型滨海湿地斑块数变化示意

3）最大斑块指数（LPI）

2000—2014 年期间，河北省各类型湿地的最大斑块指数变化如图 3.24 所示。从图 3.24 可以看出，海涂、水库坑塘和其他类湿地是河北省滨海湿地的优势和主导类型，碱蓬地、河流水面、滩地 4 类湿地最大斑块指数保持稳定，没有出现较为剧烈的变动。

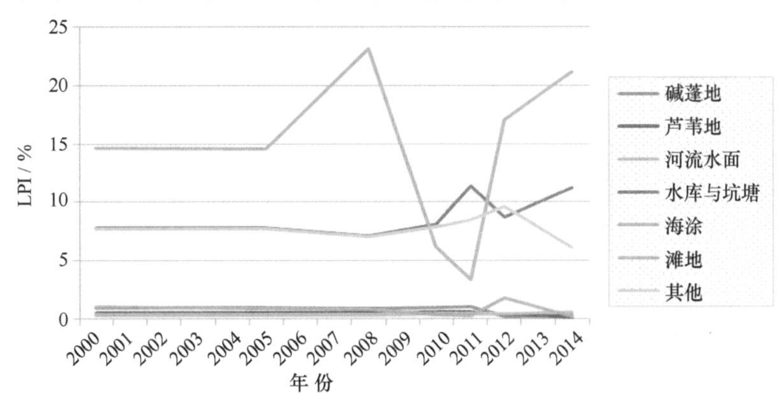

图 3.24　2000—2014 年河北省各种类型滨海湿地最大斑块指数变化示意

4）斑块平均面积（AREA_ MN）

2000—2014 年期间，河北省各类型湿地的斑块平均面积变化如图 3.25 所示。从图 3.25 可以看出，水库坑塘的斑块平均面积最大，且一直处于较为稳定的状态；海涂湿地斑块平均面积呈先降低后增加的趋势；滩地、碱蓬地、芦苇地和其他类湿地斑块平均面积总体呈现降低趋势。由此反映出水库坑塘、海涂的破碎度整体上基本保持稳定状态，其他各类湿地破碎度有不同程度的增加。

5）斑块形状指标

2000—2014 年期间，河北省各类型湿地的边缘长度变化统计如表 3.8 所示，芦苇地 2005 年消失，2014 年又出现少量芦苇地，其边缘长度和碱蓬地、滩地的边缘长度均

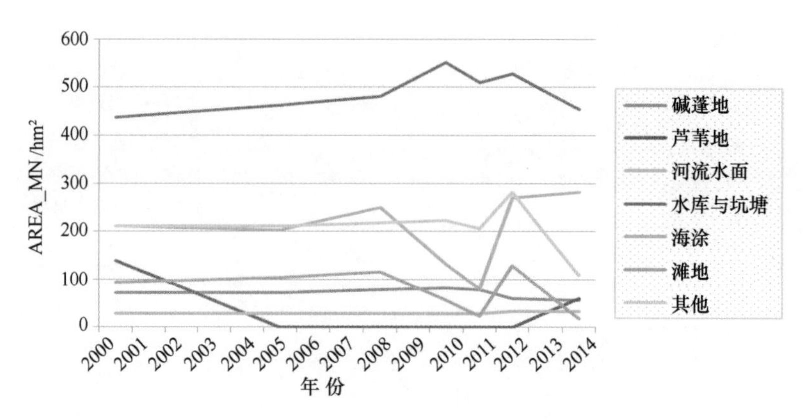

图 3.25 2000—2014 年河北省各种类型滨海湿地斑块平均面积变化示意

较小；河流水面、水库坑塘、海涂以及其他类湿地边缘长度较长，总体来看，所有类型湿地边缘长度均呈现减少趋势。

表 3.8 2000—2014 年河北省各种类型滨海景观斑块形状指标分析计算结果

单位：m

类型	2000 年	2005 年	2008 年	2010 年	2011 年	2012 年	2014 年
碱蓬地	57 800	44 300	42 100	57 200	34 800	6 200	6 100
芦苇地	15 400	0	0	0	0	0	6 400
河流水面	104 900	104 800	105 200	103 900	88 400	89 500	88 300
水库坑塘	202 600	274 300	219 400	207 800	146 300	198 000	7 900
海涂	256 300	237 300	207 800	193 900	87 900	134 700	166 800
滩地	34 100	29 200	24 800	7 400	10 200	7 600	7 900
其他	107 800	11 500	43 000	41 800	57 000	49 300	65 700

河北省各种类型湿地的 PAFRAC 指数在 1.10~1.60 之间浮动，河流水面 PAFRAC 指数一直保持最高，说明其斑块形状较为复杂，受人工干扰较少；碱蓬地、海涂以及其他类湿地斑块形状复杂程度不高；水库坑塘 PAFRAC 指数一直处于最小，其斑块指数表现为较为规则的形状。

表 3.9 2000—2014 年河北省各种类型滨海景观类型斑块周长与面积分形维数（PAFRAC）指标计算结果

类型	2000 年	2005 年	2008 年	2010 年	2011 年	2012 年	2014 年
碱蓬地	1.341 4	1.513 9	1.414 8	1.312 6	N/A	N/A	N/A
芦苇地	N/A						N/A
河流水面	1.504 2	1.504 4	1.504 4	1.534 4	1.495 9	1.483 2	1.487 6
水库坑塘	1.295 6	1.3	1.292 3	1.292 4	1.278 3	1.264 9	1.257 2

续表

类型	2000 年	2005 年	2008 年	2010 年	2011 年	2012 年	2014 年
海涂	1.358	1.360 6	1.362 2	1.387 6	1.390 8	1.329 3	1.346 8
滩地	N/A	N/A	N/A	N/A	N/A	N/A	N/A
其他	1.342 3	1.277 2	1.376 7	1.387 2	1.390 7	1.341 7	1.291 7

6）景观异质性

2000—2014 年期间河北省各类型湿地的斑块聚集度指数变化如图 3.26 所示。2010 年之前，除河流水面外，其他几种类型湿地聚集程度较高，均在 90%以上，景观的自然连通度较好；2010 年之后，滩地聚集程度有较大的波动，但整体呈现降低趋势，其他类型滨海湿地聚集度基本保持稳定。

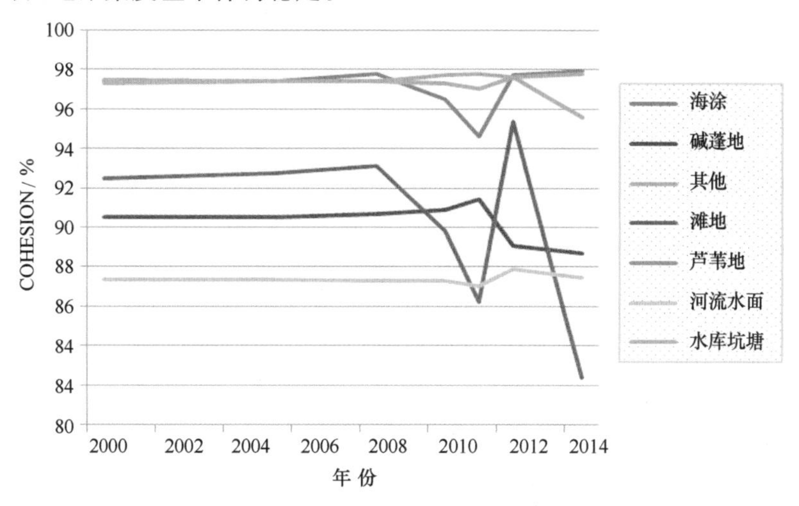

图 3.26　2000—2014 年河北省各种类型滨海湿地聚集度指数变化示意

河北省滨海湿地景观多样性指数总体呈现下降趋势，其中 2000-2011 年期间下降明显，2012—2014 年又有所增加（图 3.27），表明河北省滨海湿地结构正在处于逐步恢复过程中。

3.4 天津市滨海湿地遥感监测分析

3.4.1 2000—2014 年天津市滨海湿地时空分布变化分析

2000—2014 年天津市湿地类型主要包括河流水面、水库坑塘、海涂、滩地、浅海水域以及其他类湿地 6 大类，其中占优势地位的湿地类型为浅海水域、海涂以及水库坑塘，其他几类湿地所占比重均较小。2000—2014 年天津市滨海湿地类型及分布情况见图 3.28 和表 3.10。

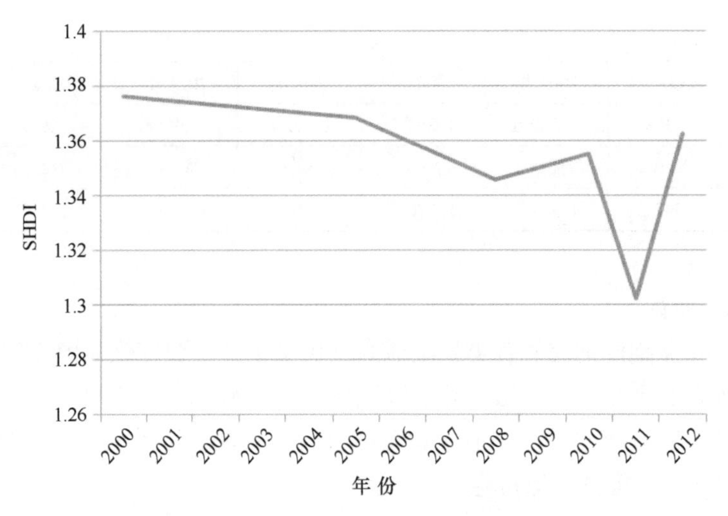

图 3.27 2000—2014 年河北省各种类型滨海湿地多样性指数变化示意

表 3.10 2000—2014 年天津市滨海湿地面积统计 单位：km^2

年份	碱蓬地	芦苇地	河流水面	水库与坑塘	海涂	滩地	浅海水域	其他	合计
2000	0.00	3.25	5.38	27.84	27.93	—	1 272.52	1.93	1 338.85
2005	0.00	0.00	5.9	28.46	63.16	1.48	1 197.05	0.22	1 296.27
2008	0.00	0.02	5.9	22.29	99.49	1.48	1 139.33	1.94	1 270.63
2010	0.00	0.02	5.63	30.9	7.49	1.48	1 084.98	0.97	1 131.65
2011	0.00	0.00	4.9	29.89	0.59	0.02	990.86	0.02	1 026.28
2012	0.00	0.00	5.63	26.31	76.5	0.02	880.41	0	988.87
2014	0.00	0.00	5.57	24.92	54.26	0.02	904.10	0	988.87

从整体变化趋势看，天津市湿地总面积呈减少趋势，其中 2012 年之前减少较明显，2012 年后基本处于稳定状态。其中，浅海水域面积呈现减少的趋势，2010 年之前减小速度较为缓慢，2010—2012 年减小速度加速；芦苇地、河流水面、水库坑塘、滩地以及其他类湿地所占面积比重都较小、波动不大。2000—2014 年天津市滨海湿地及各种类型湿地面积年度变化曲线见图 3.29 和图 3.30。

3.4.2 2000—2014 年天津市滨海湿地景观格局变化分析

1）景观百分比（PLAND）

2000—2014 年天津市各类湿地景观百分比如图 3.31 所示。从图 3.31 可以看出，天津市主要湿地类型为海涂与水库坑塘，其他几类湿地在整个景观格局中所占比重较小。

2）斑块数（NP）

2000—2014 年期间，天津市各类型湿地的斑块数变化如图 3.32 所示。从图 3.32

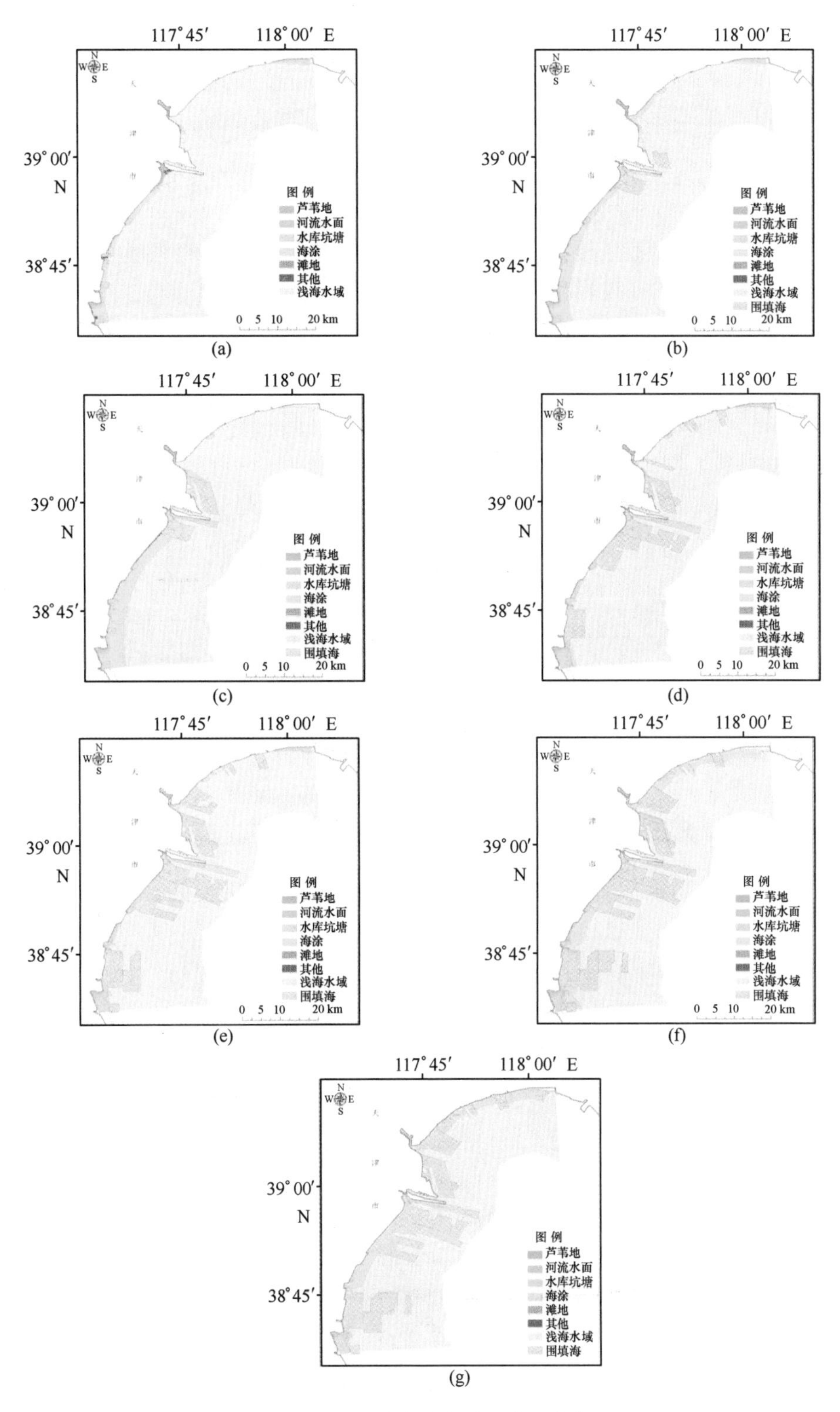

图3.28 天津市滨海湿地类型分布

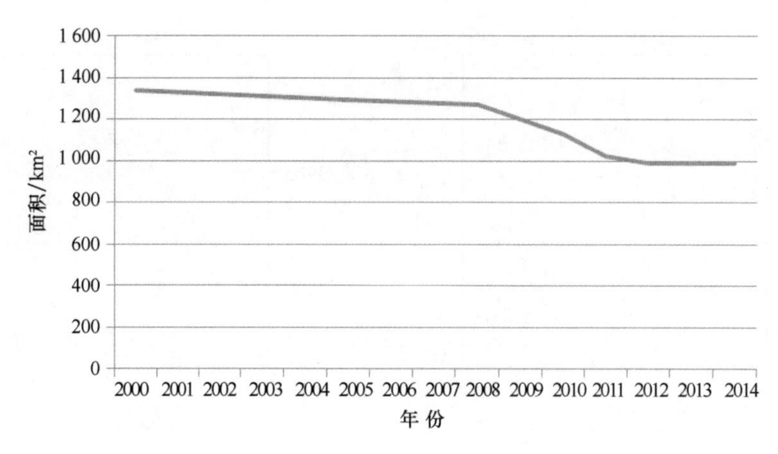

图 3.29　2000—2014 年天津市滨海湿地总面积年度变化曲线

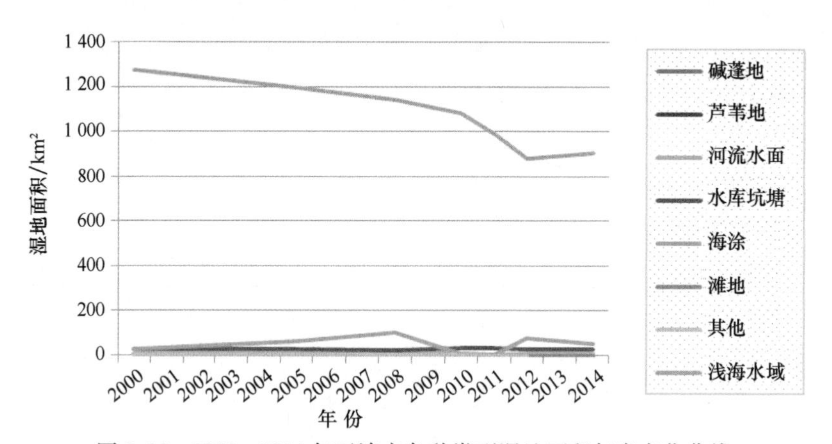

图 3.30　2000—2014 年天津市各种类型湿地面积年度变化曲线

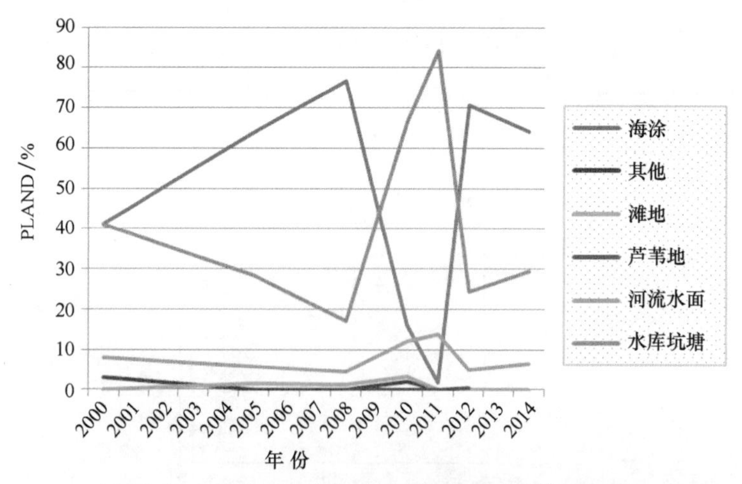

图 3.31　2000—2014 年天津市湿地景观百分比示意

可以看出，天津市各类型湿地的斑块数基本呈现下降趋势，其中水库坑塘斑块数量最多，且下降趋势最为明显；其次为海涂及其他类湿地；滩地及河流水面斑块数处于稳定状态。

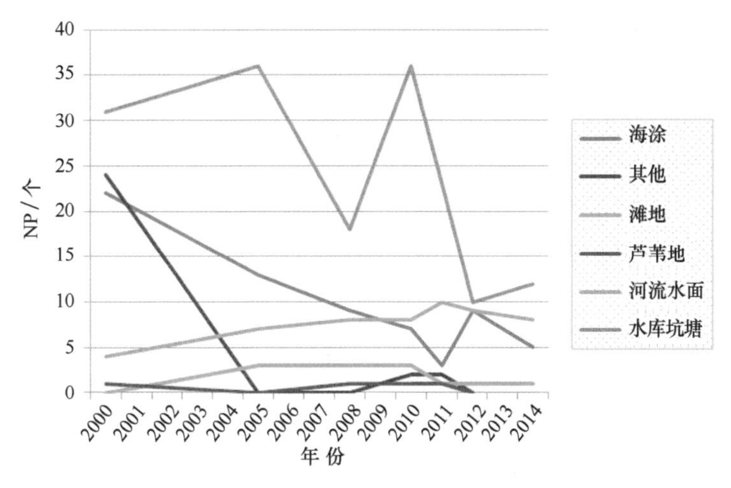

图 3.32　2000—2014 年天津市湿地斑块数变化示

3）最大斑块指数（LPI）

2000—2014 年期间，天津市各类型湿地的最大斑块指数变化如图 3.33 所示。从图 3.33 可以看出，天津滨海湿地的主要以海涂和水库坑塘为主，其他类湿地，最大斑块指数基本维持着稳定状态，较海涂和水库坑塘最大斑块指数偏小。

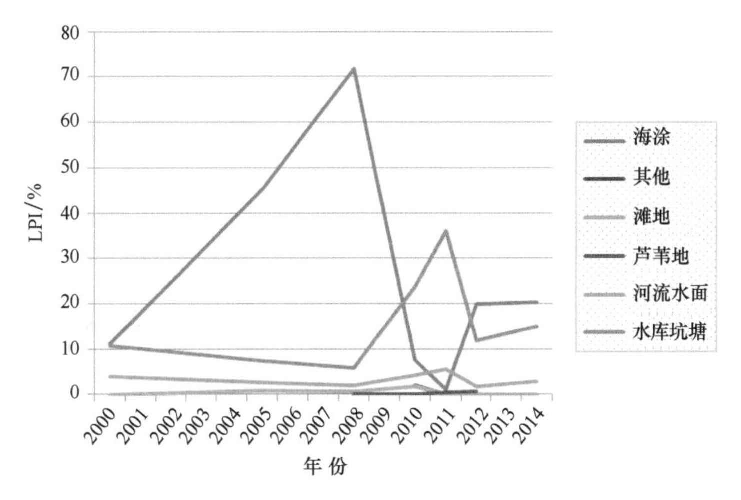

图 3.33　2000—2014 年天津市湿地最大斑块指数变化示意

4）斑块平均面积（AREA_ MN）

2000—2014 年期间，天津市各类型湿地的斑块平均面积变化如图 3.34 所示。从图

3.34 可以看出除海涂斑块平均面积变化较大外，芦苇地至2005年消失，其他几类湿地斑块平均面积未出现较大幅度的变动，但斑块平均面积较小，反映出天津滨海湿地的破碎度比较高。

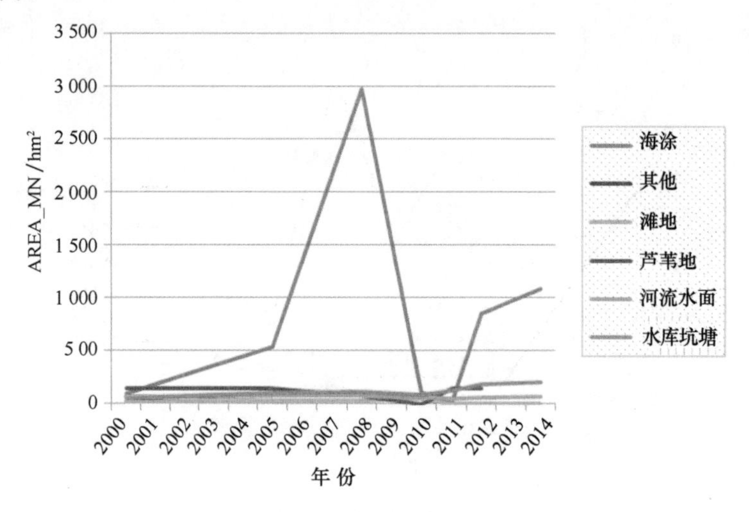

图 3.34　2000—2014 年天津市湿地斑块平均面积变化示意

5）斑块形状指标

2000—2014 年期间，各类型湿地的边缘长度变化统计如表 3.11 所示。天津市碱蓬地和芦苇地基本消失；河流水面、水库坑塘以及滩地的边缘长度都有所减少，滩地2005年后也有所减少，接近消失。

表 3.11　2000—2014 年天津市湿地景观斑块形状指标分析计算结果

景观类型	2000 年	2005 年	2008 年	2010 年	2011 年	2012 年	2014 年
碱蓬地	0	0	0	0	0	0	0
芦苇地	9 600	0	300	0	0	0	0
河流水面	20 100	21 800	17 700	14 900	13 900	18 500	15 000
水库坑塘	67 000	78 600	68 700	8 500	12 800	34 900	39 500
海涂	66 200	85 900	63 300	6 500	1 900	28 800	29 600
滩地	0	14 200	5 400	7 200	200	400	300
其他	12 300	0	0	1 700	0	0	0

天津市各种类型湿地的 PAFRAC 指数在 1.20～1.40 之间浮动，由于湿地斑块数量的限制，天津市只有水库坑塘 PAFRAC 指数有完整的统计结果，基本在 1.3 左右浮动，规则较为简单。

表 3.12　2000—2014 年天津市湿地景观类型斑块周长与面积分形维数（PAFRAC）指标分析计算结果

景观类型	2000 年	2005 年	2008 年	2010 年	2011 年	2012 年	2014 年
碱蓬地	0	0	0	0	0	0	0
芦苇地	N/A	N/A	N/A	N/A	N/A	N/A	N/A
河流水面	N/A	N/A	N/A	N/A	1.3669	N/A	N/A
水库坑塘	1.303 6	1.323 3	1.294 6	1.307 6	1.379 7	1.325 5	1.318 2
海涂	1.350 3	1.307 6	N/A	N/A	N/A	N/A	N/A
滩地	N/A	N/A	N/A	N/A	N/A	N/A	N/A
其他	1.461 6	N/A	N/A	N/A	N/A	N/A	N/A

6）景观异质性

2000—2014 年期间各类型湿地的斑块聚集度指数变化如图 3.35 所示。水库坑塘、海涂以及河流水面聚集程度较高、且保持稳定；其他类湿地由于在整个景观中比重较少，在且趋于消失，其聚集程度变化较大。

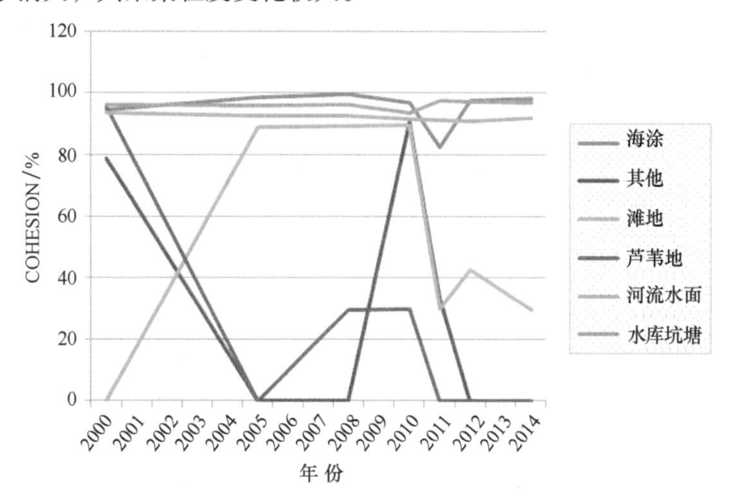

图 3.35　2000—2014 年天津市滨海湿地聚集度指数变化示意

天津市景观多样性指数在 2000—2014 年期间整体呈下降趋势（图 3.36），2008—2012 年，景观多样性波动较大，表明天津市湿地呈现结构逐渐简单化的趋势。

3.5　小结

利用遥感与 GIS 技术，本书完成了环渤海区域 2000 年、2005 年、2008 年、2010 年、2011 年、2012 年和 2014 年湿地类型、分布及其变化状况的监测。监测期环渤海区域湿地遥感监测结果如图 3.37 所示。

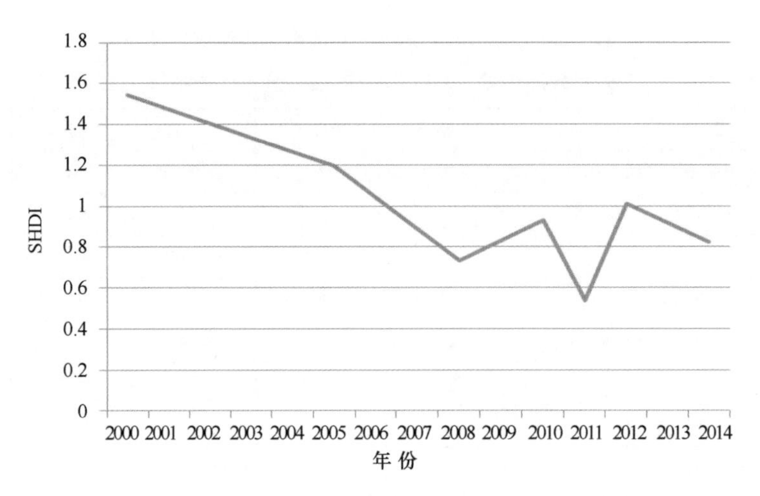

图 3.36 2000—2014 年天津市滨海湿地多样性指数变化示意

3.5.1 2014 年环渤海区域滨海湿地类型组成及空间分布

2014 年环渤海区域内湿地总面积为 18 459.39 km^2，主要包括碱蓬地、芦苇地、河流水面、水库与坑塘、海涂、滩地、浅海水域以及其他八类湿地类型（图 3.38）。各湿地类型面积见表 3.13。

表 3.13 2000—2014 年环渤海区域湿地面积统计 单位：km^2

类型	2000 年	2005 年	2008 年	2010 年	2011 年	2012 年	2014 年
碱蓬地	70.32	21.37	22.52	30.74	31.7	40.13	85.32
芦苇地	70.43	57.03	56.09	47.07	46.91	48.31	46.63
河流水面	132.46	168.94	151.75	134.14	136.65	165.98	250.03
水库与坑塘	870.51	1 956.34	2 456.42	2 579.04	2 418.79	2 447.53	2 703.63
海涂	1 550.03	1 630.13	2 096.3	1 007.29	1 357.35	1 421.27	1 503.38
滩地	586.91	469.78	134.17	88.02	123.12	101.94	179.33
其他	755.35	702.64	586.58	561.64	760.56	697.74	623.68
浅海水域	16 348.6	14 821.41	14 020.76	14 547.31	13 791.02	13 558.56	13 067.39
合计	20 384.61	19 827.64	19 524.59	18 995.25	18 666.1	18 481.46	18 459.39

从不同类型湿地面积来看，环渤海区域滨海湿地从多到少依次为浅海水域、水库与坑塘、海涂、其他类、河流水面、滩地、碱蓬地和芦苇地，其中浅海水域占总湿地面积的 70.79%，水库与坑塘类占湿地总面积的 14.65%，滩地、芦苇地和碱蓬地占湿地总面积均不足 1%。

从是否是天然湿地来看，环渤海区域天然湿地面积为 15 132.07 km^2，除浅海水域外，海涂为主要的天然滨海湿地类型；人工湿地（水库与坑塘、其他类）面积为

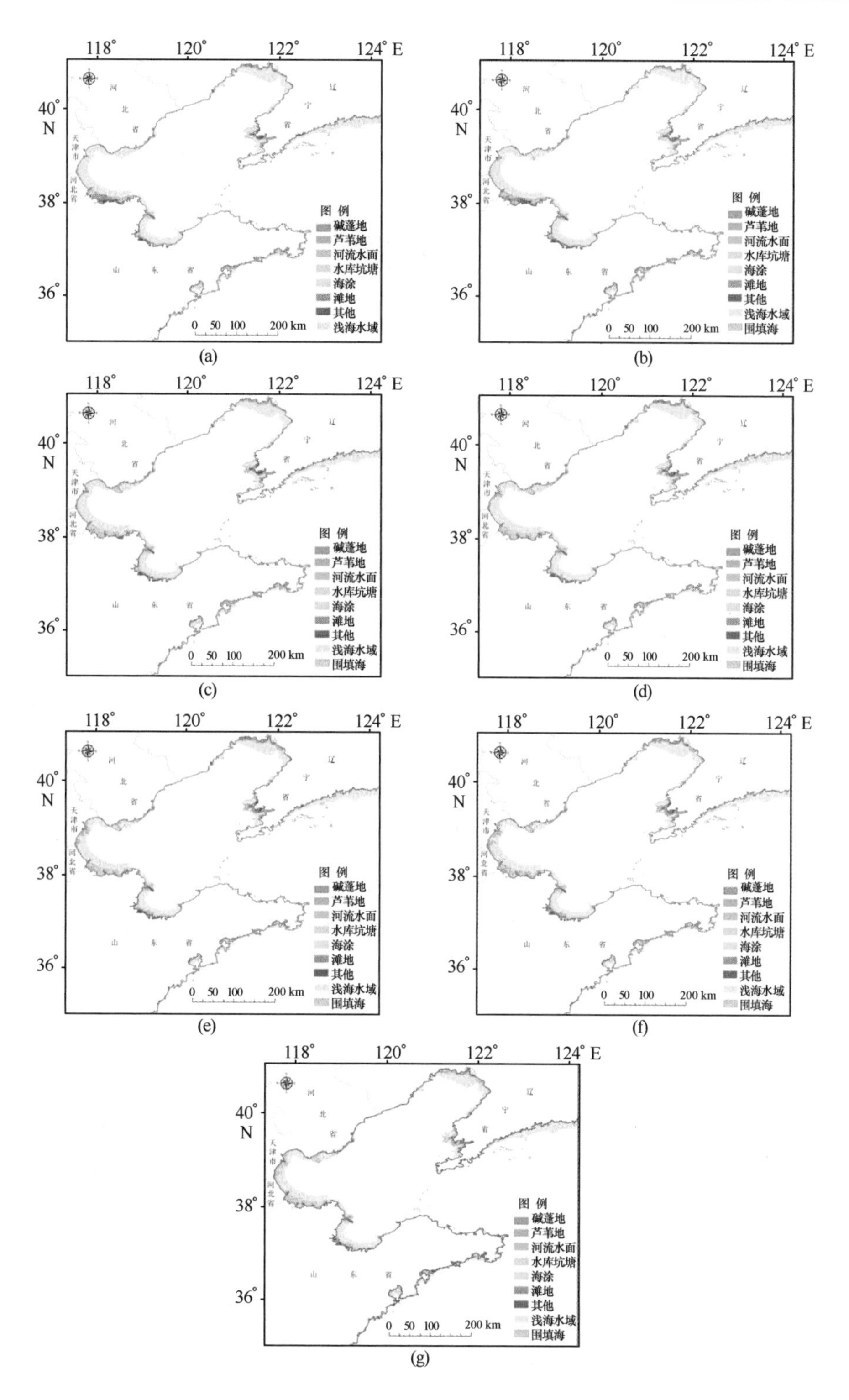

图 3.37　环渤海区域湿地类型分布

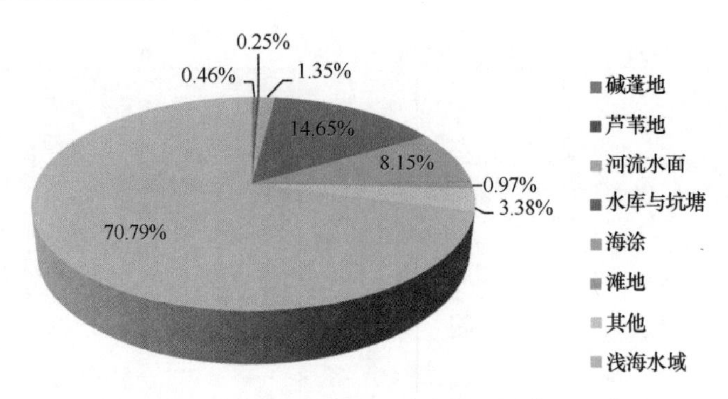

图 3.38 2014 年环渤海区域滨海湿地类型组成

3 327.30 km²，主要以水库与坑塘为主。

从区域分布上，占环渤海区域湿地面积最大的浅海水域主要分布在莱州湾、渤海湾、辽东湾以及鸭绿江口向南滨海区域；水库坑塘类湿地分布较为广泛，山东省滨州海域以及辽东湾滨海海域出现较为集中的区域，此地区滨海湿地在景观中占有较为明显的优势。碱蓬地、芦苇地、河流水面、海涂、滩地以及其他类湿地分布较为分散。

3.5.2 2000—2014 年环渤海区域滨海湿地变化量与变化率

2000—2014 年期间，环渤海区域滨海湿地面积总体呈减小的趋势。从 2000 年的 20 019.59 km²减少到 2014 年的 18 459.37 km²（图 3.39）。分阶段来看，2000—2005 年环渤海区域滨海湿地共减少 192.2 km²，平均年变化率为 31.99 km²/a；2005—2008 年湿地总共减少 303.25 km²，平均年变化率为 101.08 km²/a；2008—2010 年湿地总共减少 407.98 km²，平均年变化率为 203.99 km²；2010—2011 年共减少湿地面积 350.31 km²；2011—2012 年共减少湿地面积 284.63 km²；2012—2014 年共减少 22.9 km²，湿地减少的速度放缓。

1）天然滨海湿地

2000—2014 年期间，环渤海区域天然滨海湿地面积呈现减小态势，由 2000 年的 18 375 km²减小到 2014 年的 15 132.07 km²。其中面积占优势的浅海水域 2000—2012 年变化最为明显，整体呈现萎缩的趋势，2010 年稍有波动，2000—2005 年减少 1 143.44 km²，年平均变化 190.57 km²/a；2005—2008 年减少 800.65 km²，年平均变化 266.88 km²/a；2008—2010 年增加 526.55 km²，年平均变化 263.27 km²/a；2010—2011 年减少 756.29 km²；2011—2012 年减少 232.46 km²；2012—2014 年减少 491.16 km²。滩地面积至 2005 年降至最低，仅为 88.02 km²，后虽有所增加，但至 2014 年仍较 2000 年减少了 69.4%。芦苇地整体呈现减少趋势，至 2014 年较 2000 年减少了 33.8%。究其原因，主要是大量填海造陆造成的。

碱蓬地和河流水面面积整体有所增加，其中碱蓬面积至 2005 年降至最低，仅为 21.37 km²，后有所增加，至 2014 年较 2000 年增加了 21.3%；河流水面整体呈现增长

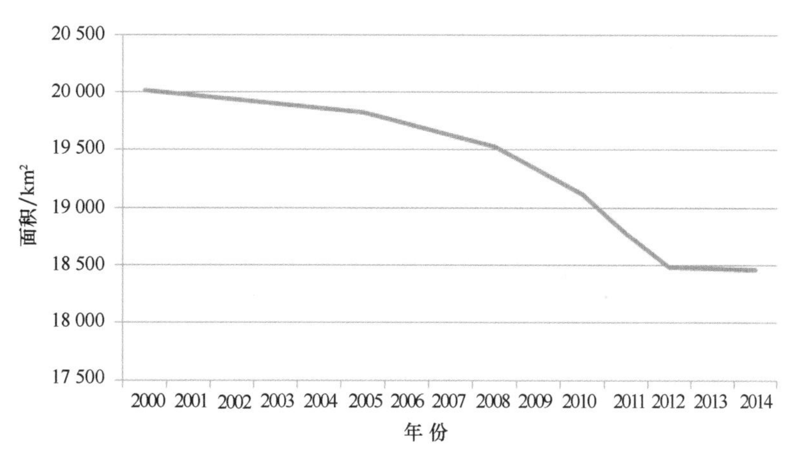

图 3.39　2000—2014 年环渤海区域湿地总面积变化

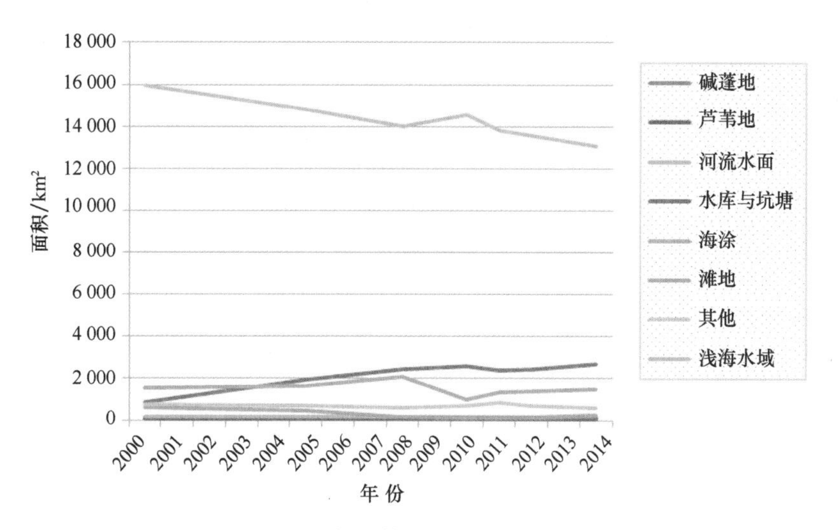

图 3.40　2000—2014 年环渤海区域各类型湿地的总面积变化

趋势，至 2014 年较 2000 年增加了 88.6%。

2）人工湿地

2000—2014 年期间，环渤海区域人工湿地面积有所增加，由 2000 年的 1 644.59 km² 增加到 2014 年的3 145.27 km²。其中水库坑塘增加较为明显，2000—2005 年增加 1 085.83 km²，年平均变化 180.97 km²/a；2005—2008 年增加 500.08 km²，年平均变化 166.69 km²/a；2008—2010 年增加 122.62 km²，年平均变化61.31 km²/a，并在2010 年达到最大值；2010—2011 年减少 160.25 km²；2011—2012 年增加 28.73 km²；2012—2014 年增加 182.03 km²。分析原因，一方面由于近年来，国家重视对海洋的生态修复和整治，并拨付专项资金进行近岸海域环境的生态修复和整治，部分海域“退耕还海”，导致2010—2011年面积有所减少，但另一方面，由于大规模填海造陆即区域建设用海项目大量获批，且已进入施工建设期，存在围而未填的情况，因此在2011—2014年又有小幅度增加现象出现。

3.5.3 结论

基于遥感与GIS技术，对环渤海区域湿地实施了动态监测和变化分析。研究得出以下主要结论。

（1）环渤海区域滨海湿地组成中浅海水域占总面积的70.79%，主要分布在莱州湾、渤海湾、辽东湾以及鸭绿江口向南滨海地区；水库坑塘占总面积的14.65%，分布较为分散，以山东滨州沿海以及辽东湾滨海区域较为集中，其他多出现在较小的海湾地区。

（2）2000—2014环渤海区域滨海湿地总面积呈现萎缩的态势，整体减少了1 560.22 km^2，其中山东省总计减少297.95 km^2，河北省总计减少351.31 km^2，天津市总计减少349.98 km^2，辽宁省总计减少560.98 km^2。

（3）环渤海区域浅海水域呈现逐年减少的趋势，从2000年的15 964.85 km^2减少到2014年的13 067.39 km^2，而占环渤海区域湿地面积次要地位的水库坑塘面积却有所增加，另外，除海涂外其他几类湿地的面积都没有太大的变化。

（4）造成天然滨海湿地减少的原因是大量的人工填海造陆活动以及养殖活动，占据了大片的天然浅海水域，导致浅海水域面积的减少、水库坑塘面积的增加，大量海涂的开挖也促进了水库坑塘面积的增加；其他类湿地中的盐田、闲置空地等变化情况复杂，部分变为水库坑塘、部分转化为建设用地；碱蓬地、芦苇地和滩地都有较小程度的减少。

第4章　环渤海区域围海造地对滨海湿地的影响分析及评价

4.1　环渤海区域围海造地对重要滨海湿地的影响

近年来，伴随着环渤海三省一市沿海经济的快速增长，特别是国家18亿亩耕地红线的划定，使得陆域用地紧张的状况越来越突出，海洋开发热潮的不断高涨，沿海地区填海造陆项目不断增多，填海造陆面积不断扩大。随着渤海沿岸经济开发步伐加快，围填海规模迅速增大，约占近10年渤海沿岸总填海造陆面积的1/4，围填海工程占用了大量的滨海湿地，湿地面积萎缩对渤海生态系统健康构成了严重威胁。由于围海造地项目、环海公路工程及盐田和养殖池塘修建等开发利用活动，渤海大量滨海湿地永久丧失其自然属性，或成为生物群落较为单一、生态功能较为低下的人工湿地。诸多恶化湿地的现象，导致湿地生态功能、社会效益得不到正常发挥，渤海近岸污染加剧、渔业资源下降和生物多样性丧失等，而填海造陆成为环渤海区域天然湿地面积缩减的主要原因，对该地区生态系统健康构成严重威胁。

4.1.1　重要滨海湿地面积锐减

遥感影像显示，2000年环渤海区域天然滨海湿地面积约为18 375.00 km^2，经过10多年的海岸线变迁，到2014年，环渤海区域天然滨海湿地面积为15 132.07 km^2，较2000年减少3 242.93 km^2。其中最为重要的因素就是大量的填海造陆活动占用了天然的滨海湿地，天然湿地逐渐被人工湿地和永久性建筑物所代替。环渤海区域滨海湿地围垦比较严重的地区主要有辽河三角洲、黄河三角洲、河北曹妃甸湿地等地。

1）辽河三角洲湿地

辽河三角洲的农业开发、石油开采及相应的基础设施建设不断占用天然湿地，湿地面积从1984年的3 660 km^2 下降到1997年的3 150 km^2，减幅达14%，其中天然湿地减少了10.3%；天然湿地经围垦后转变为水田、虾蟹池等，2000年水田面积比1980年增长了163.5%，虾蟹养殖发展迅速，在1986—2000年之间增加了50.5 km^2（图4.1和图4.2）。

2005年辽河三角洲天然湿地总面积为1 713.05 km^2，主要由芦苇地、水库坑塘、海涂以及水下湿地组成。由于填海造陆活动的影响，至2014年，水库坑塘以及近岸海涂消失较快，水下湿地部分也逐年减少（表4.1），但由于淤积导致向海一侧海涂有大

图 4.1　1987 年辽河三角洲滨海湿地筑路遥感影像解译

图 4.2　2002 年辽河三角洲滨海湿地筑路遥感影像解译

幅增加。至 2014 年，辽河三角洲湿地总面积为 1 584.21 km^2（包括浅海水域），主要由自然湿地以及人工湿地组成（图 4.3），湿地总面积呈减少趋势，取而代之的是填海造陆活动形成的建设用海面积的增加（图 4.4）。

表 4.1 辽河三角洲湿地面积统计 单位：km^2

项目	2005 年	2008 年	2010 年	2011 年	2012 年	2014 年
天然湿地	1 713.05	1 698.81	1 646.66	1 600.82	1 597.54	1 584.21
人工湿地	230.28	230.31	213.79	229.51	203.54	205.85
建设用海	0.00	14.22	82.89	113.01	142.26	226.72
湿地总计	1 943.33	1 929.12	1 860.45	1 830.33	1 801.08	1 790.06

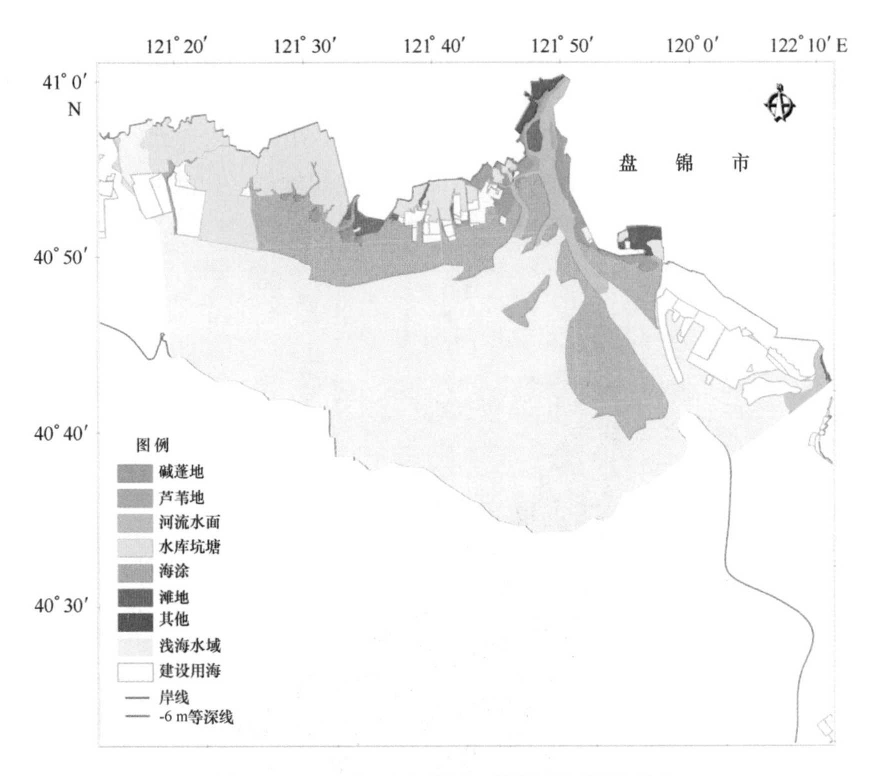

图 4.3 2014 年双台子河口滨海新区湿地分布

2）黄河三角洲湿地

黄河三角洲是世界上陆地增生速度最快的区域，长期以来由于黄河尾闾的摆荡及黄河泥沙的淤积，黄河三角洲在以惊人的速度向海生长，在河口区形成大量湿地。近年来，由于该区域滩涂开发利用，油田开采占地、农业生产垦殖及水工建筑与道路的阻隔，导致该区域的天然滨海湿地面积不断萎缩。油气资源的开发及随之配套建设的

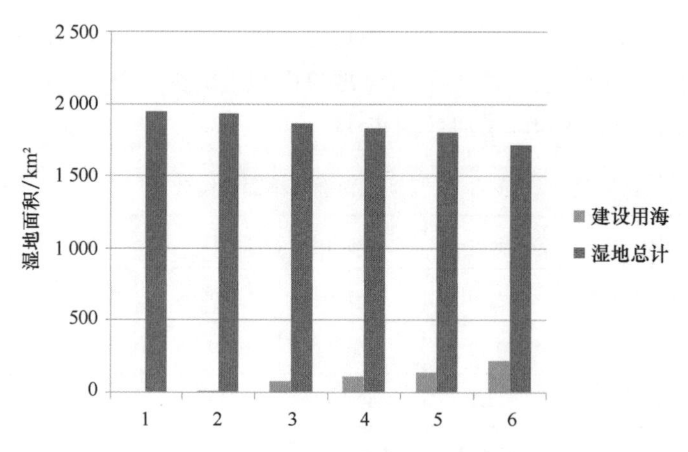

图 4.4 2005—2014 年双台子河口滨海新区湿地变化状况

井区、道路、管道等逐渐改变了滨海湿地原有天然湿地面貌，如辽河油田“八五”石油开发占用天然湿地面积 318.5 km^2；黄河三角洲滩涂湿地是“九五”胜利油田开发的主战场，胜利油田投入开采的 56 个油田中，有 35 个是在黄河三角洲。油气资源的开发不但占用了大面积的天然湿地，同时改变了湿地的地貌景观，使滨海湿地破碎化加剧。

图 4.5 黄河口自然保护区内油田开发进海路堤现状

2010 年黄河口区域滨海湿地（除浅海水域外）总面积为 1 011.45 km^2，其中海涂占湿地面积的比重达到 55.65%，居于次要地位的是水库坑塘，占总湿地面积的 29.33%，其他类型湿地占此区域湿地面积的比重都在 5%以下。2014 年此区域滨海湿地（除浅海水域外）总面积为 1 069.93 km^2，其中海涂占湿地面积的比重达到

图4.6　黄河口自然保护区内油田开发建设现状

45.55%，所占比重较2010年有所下降；居于次要地位的是水库坑塘，占总湿地面积的30.88%，其他类型湿地占此区域湿地面积的比重都在10%以下（图4.7）。由于黄河入海口的向海推挤，使得两岸海涂以及河流面积有所增加，河口区东部的围海活动湿地部分海涂以及浅海水域变为人工水域，使得其他类湿地面积增加。2010—2014年黄河口部分地区湿地面积有所增加，部分地区有所减少，海涂变化最为明显，面积增加区域达到56.94 km^2，面积减少区域有18.83 km^2，总计增加面积38.4 km^2；变化区域中其他类湿地面积也增加了11.77 km^2；河流水面增加了7.09 km^2。

3）莱州湾滨海湿地

莱州湾西岸和南岸地势平坦，滩面开阔，滨海湿地海域内生物量高，贝类资源丰富，为莱州湾生态系统提供了大量的饵料生物来源。

近10多年来，一方面莱州湾滨海湿地一半以上已被改造为生物种群较为单一，生态功能较为低下的人工湿地；另一方面，围海造陆工程占用大量滨海湿地，滨海湿地面积萎缩严重。2005年，莱州湾湿地总面积为1 729.32 km^2，主要由芦苇地、水库坑塘、海涂以及水下湿地组成。由于填海造陆活动的影响，建设用海面积逐年增加，浅海水域湿地面积有所减少。至2014年，莱州湾湿地总面积为1 565.38 km^2，主要由自然湿地以及人工湿地组成（图4.8），湿地总面积呈逐年减小的趋势，取而代之的是填海造陆活动形成的建设用海面积的增加（图4.9）。

图 4.7　2010—2014 年黄河口附近湿地分布局部变化状况

表 4.2　莱州湾滨海新区湿地面积统计　　单位：km^2

项目	2005 年	2008 年	2010 年	2011 年	2012 年	2014 年
天然湿地	1 729.32	1 700.82	1 640.03	1 565.00	1 559.04	1 565.38
人工湿地	287.33	315.36	327.97	327.99	303.36	297.03
建设用海	4.22	4.69	52.87	127.88	158.47	158.47
湿地总计	2 016.65	2 016.18	1 968.00	1 892.99	1 862.40	1 862.40

4）曹妃甸湿地

曹妃甸循环经济示范区规划面积 310 km^2，规划用海面积 129.7 km^2。伴随着首钢的迁入，曹妃甸循环经济示范区开始了大规模填海造陆，至 2008 年年底，填海造陆总面积达 109.6 km^2。自 2000—2012 年，曹妃甸填海造陆面积达 243.6 km^2。曹妃甸附近大面积海域丧失海洋自然属性，曲折的自然岸线变成了平直的人工岸线，沿岸海岛变成了陆连岛。曹妃甸附近海域已无自然岸线，填海区域向海最大延伸长度为 18.5 km。曹妃甸附近岸线变化见图 4.10，填海造陆变化见图 4.11。海岸形态和海底地形的大幅

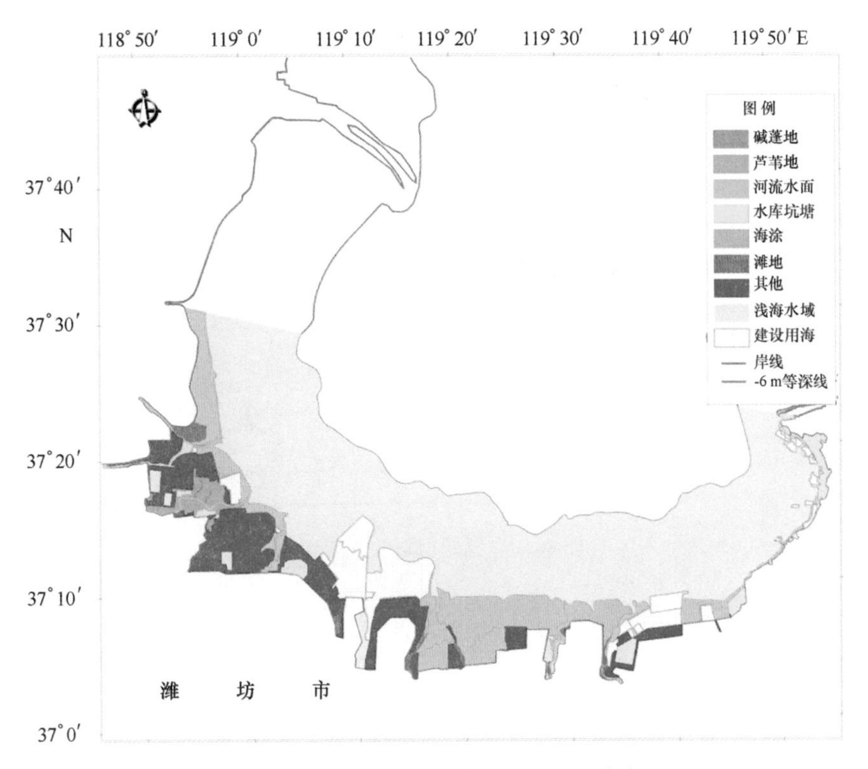

图 4.8　2014 年莱州湾滨海新区湿地分布

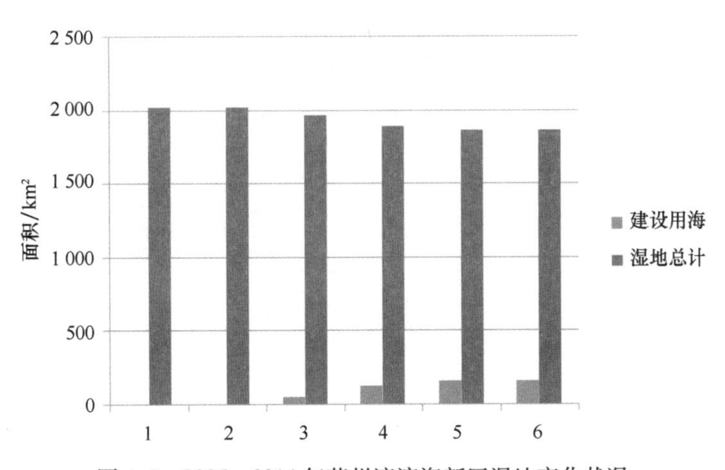

图 4.9　2005—2014 年莱州湾滨海新区湿地变化状况

度变化对周边海域流场、沉积物冲淤环境产生显著影响；规划的钢铁、化工等产业可能加剧环境污染，开发建设中应按照海域的环境容量确定周边各排污口的排污份额，实行主要污染物总量控制。

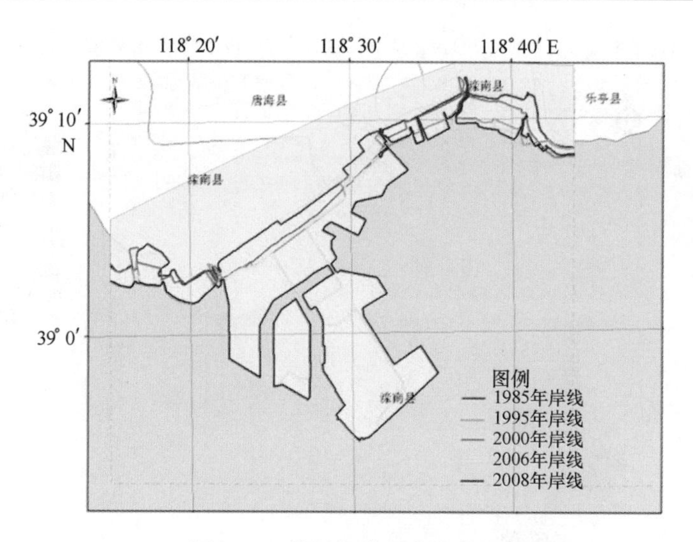

图 4.10 曹妃甸附近岸线变化

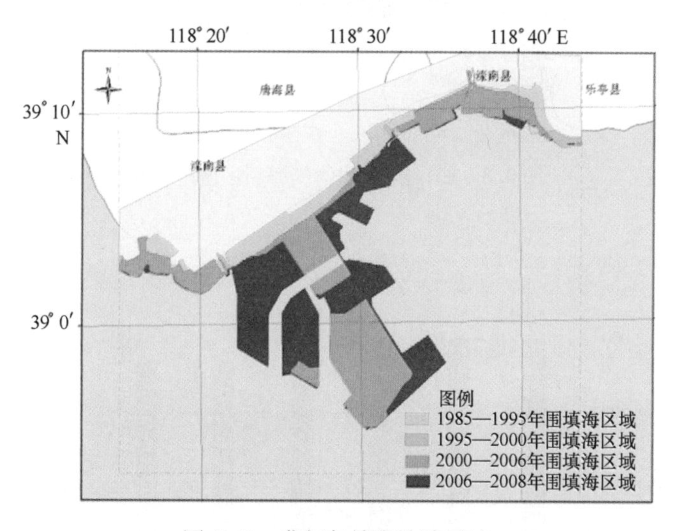

图 4.11 曹妃甸填海造陆区域

5）胶州湾湿地

近几十年来胶州湾也经历了 20 世纪 50 年代的盐田建设、70 年代前后的填湾造地、80 年代以来的围建养殖池塘、开发港口、建设公路、工厂以及近些年来的填海等几波填海高潮，胶州湾滨海湿地面积不断地被蚕食。胶州湾自然岸线长度由 1863 年的 170.2 km 减少到 2008 年的 1.17 km，人工岸线由 1863 年的 0 km 增加到 2008 年的 157.7 km（见图 4.12），海湾面积由于填海造陆由 1863 年的 578.5 km^2 缩减到 2006 年的 353.9 km^2。

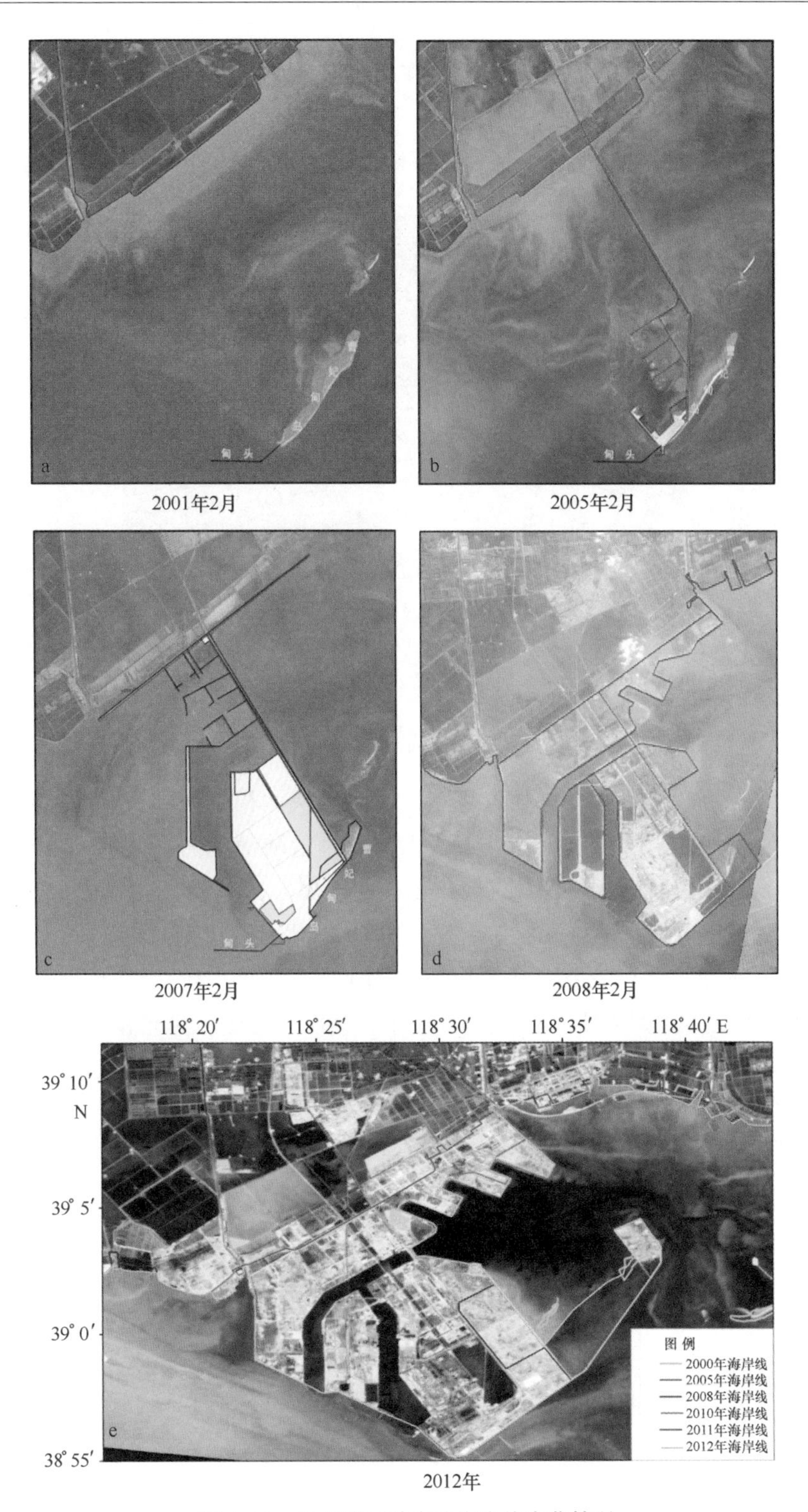

图 4. 12　胶州湾区域自然海岸线变化情况

图 4.12 胶州湾区域自然海岸线变化情况（续）

4.1.2 滨海湿地破碎化程度严重

滨海湿地景观的破碎度在一定程度上反映了人类活动对景观的干扰程度。在湿地面积不变的情况下，湿地的斑块数量越多，说明斑块面积越小，表明湿地破碎度程度越大。目前除自然因素的影响以外，随着人类填海造陆活动的日益加剧，滨海湿地景观破碎化程度越来越高，而随着景观破碎化程度的加大，将会导致湿地生态功能退化，适合生物物种生存的栖息地越来越少，并对物种多样性产生直接影响。

2012 年，环渤海区域滨海湿地斑块数达到了 1 579 个，较 2000 年增加了 152 个。其中山东滨海湿地的斑块数最多，达到 802 个，其次为辽宁、河北和天津，分别为 565 个、180 个和 32 个。其中，辽河三角洲和莱州湾滨海湿地斑块数量就达到 331 个，近 10 年来，斑块数量总体上呈增加趋势（图 4.13）。

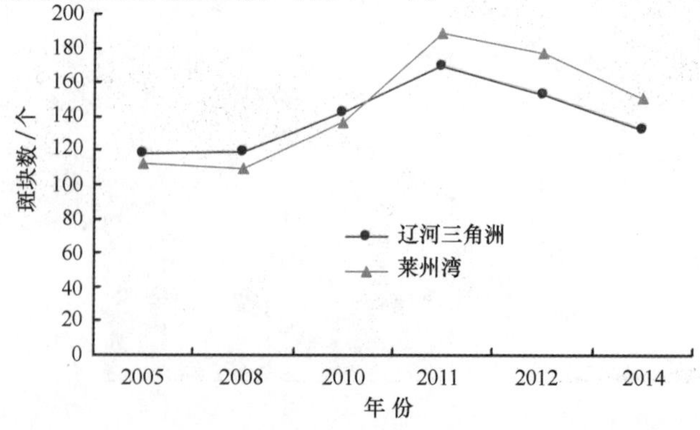

图 4.13 辽河三角洲和莱州湾区域滨海湿地斑块数量变化情况

在湿地面积减小的情况下，斑块数量的不断增加，显示了环渤海区域滨海湿地的破碎化程度不断增加，一方面适宜在滨海湿地栖息的生境不断减少，直接影响了湿地水生生物和珍稀鸟类种群数量的维持给生境带来一定的潜在损失；另一方面，湿地斑块的破碎和分割，会影响湿地物种之间的交流，增加同种物种之间的近亲繁殖，影响种群发展质量；另外，湿地景观的破碎化破坏了湿地景观的整体格局，影响了湿地景观的观赏价值，直接破坏了湿地旅游资源。以鸭绿江口湿地为例，近些年来，其景观格局呈持续破碎化趋势，2005年自然湿地景观整体自然度为86.691%，也就是说，到2005年鸭绿江口滨海湿地有13.309%的面积被人工建设、围垦养殖、开垦种植等人为活动占据。在鸭绿江口自然湿地类型中，芦苇沼泽、滩涂和潮沟面积萎缩最为严重，与湿地本底格局相比，2005年其自然度分别是69.94%、71.49%和78.42%，浅海水域和河流的面积变化较小。在鸭绿江口滨海湿地景观破碎化过程中，各湿地类型的斑块密度都出现了不同程度的增大，其中芦苇沼泽和滩涂斑块破碎化最显著。

4.1.3 滨海湿地净化能力降低，周边环境污染严重

近年来，由于填海造陆导致滨海湿地缩减，大量的可利用滨海湿地净化能力下降或丧失，成为导致环渤海区域近岸海域污染程度居高不下的重要原因之一。滨海湿地是陆源污染的承泻区和转移区，它能够净化水质，改善周边环境。而大量填海造陆占用湿地，将会局部改变该海域的水动力和泥沙冲淤条件，该海域的水动力交换条件变差，导致污染物扩散难度加大，尤其在河口区域，大量的工农业生产、生活及沿岸养殖业所产生的污水经河口区域汇入海洋，滨海湿地的减少，将改变原有环境的理化特征，使原本生态环境的物质基础发生变化。严重的环境污染可以导致生态系统生产力的严重下降，甚至使滨海湿地成为生态荒漠。污染物也能够直接毒害湿地生物，使得生物出现病害等直接危害生物健康和生存的变化。大量污染物的聚集也可能诱发环境灾难，如大量的营养盐类污染物输入湿地会导致富营养化的发生，在沿岸可能诱发赤潮。而未被围垦的周边滨海湿地区域也会因围垦区的生产活动而受到污染的影响，从而产生一种恶性循环。

此外，高潮时潮间带水深增加，加剧了潮间带的冲刷侵蚀，导致海岸侵蚀，环渤海区域沙质海岸侵蚀严重的地区主要有辽宁、河北、山东沿岸。2014年监测结果表明，大部分沙质海岸年侵蚀宽度在1~3 m，辽宁省葫芦岛市绥中岸段年均侵蚀宽度为2 m，山东省龙口至烟台岸段年平均侵蚀宽度达4.4 m；淤泥质海岸侵蚀严重地区主要在河北、天津、山东沿海。

4.1.4 滨海湿地生产力不断下降

河口海滨地区物产丰富，生物量高，是自然生产力相当高的区域。但随着该区域开发程度的不断加深，强度加大，导致资源量出现萎缩，生产力下降，许多物种甚至灭绝。

双台子河口湿地面积的不断减少以及生态环境污染的日益加重，导致湿地生境系

统将越来越脆弱，生物种类和数量急剧减少，有的物种濒危甚至灭绝，很多植被退化，生产力大幅度下降。如近些年来的围海造地，使得大片的芦苇沼泽被毁，芦苇的生产力正在不断下降。同时，位于该滨海湿地的辽河油田，大规模开发石油开采，修公路、筑围坝、建井台，占据了大量湿地，产生的石油污染也是影响本区芦苇产量的主要因素。有研究表明：在水源充足又无石油污染的区域，芦苇产量可达 6.5 t/hm^2，而在水源不足，石油污染又十分严重的区域，芦苇产量只有 5 t/hm^2。此外，大规模的填海造陆可能会阻断动物洄游路径，也会导致相应的物种数量有所下降。

4.1.5 滨海湿地生态系统脆弱性增加

生态环境的脆弱性是在自然和人为多种复杂动力因素作用下形成的。相对于自然因素，人为因素对滨海湿地的影响相对较大，滨海湿地面积和近海水质发生了显著的变化，滨海湿地内的植被面积也大幅度减少，使生态系统的脆弱性增加。

人为因素包括滩涂围垦、港口开发和水利工程建设。这些因素导致了滨海湿地损失及退化，围垦导致滩涂性质的改变，围垦的目的是为了改造耕地、发展盐场、发展水产养殖等。滩涂的大量围垦导致滩涂面积的减少，使海岸线长度发生变化，由此引起潮水对海岸环境作用加剧，同时也破坏和减少了潮间带生物的栖息地，直接导致脆弱性表现形式的发生。

港口的开发一方面促进了滨海湿地经济的发展，另一方面也给滨海湿地环境带来严峻的挑战，并直接导致生态系统脆弱性的形成。港口的建设将海岸线由曲折变为平直，使岸线对海洋动力作用的抗拒减弱；港口的建设导致沿海城镇建设范围的扩展，从而带来对滨海湿地的破坏；港口的建设促进沿海城镇经济的发展，随着污染物排放的增加，也导致了近海环境的恶化。

水利工程的建设具有拦截泥沙的作用，这直接减少了进入水库以下河流段的泥沙总量，也直接减少了海岸流域的来水来沙，对海岸特别是平原海岸的影响特别大。而堤坝的建设对滨海湿地内的植物生境造成了破坏。

4.2 滨海湿地影响评价指标的确定

本书主要研究填海造陆活动对滨海湿地的影响，因此在对滨海湿地影响评价指标的选取上主要从压力指标（填海造陆）和状态指标（湿地景观格局）两个方面来考虑填海造陆活动对滨海湿地的影响。

4.2.1 压力指标（填海造陆）

填海造陆活动作为滨海湿地的压力指标，其对滨海湿地海域空间资源的影响主要表现在对岸线的改变以及海域面积的减少方面。因此压力指标主要包括自然岸线损失比、岸线平直化比、填海造陆占用面积比 3 项指标进行围填海对滨海湿地海域空间资源的影响作出评价（表 4.3）。

表 4.3　压力指标描述

压力指标	具体描述
自然岸线损失比	评价海域减少的自然岸线长度与评价海域开发活动前岸线的总长度之比
岸线平直化比	评价海域增加的人工岸线长度与评价海域开发活动前岸线的总长度之比
填海造陆占用面积比	评价海域填海造陆面积与评价海域滨海湿地面积之比

4.2.2　状态指标（湿地景观格局）

填海造陆活动对滨海湿地景观结构的影响十分明显。随着人类活动的加强，自然景观改造程度加大，滨海湿地景观类型减少，景观多样性降低，景观破碎度加大。因此衡量填海造陆对滨海湿地变化状况的影响主要采用滨海湿地面积、滨海湿地斑块数、景观破碎度和景观多样性 4 个指标，来反映滨海湿地的变化情况。

景观破碎度指景观被分割的破碎程度，指由于自然或人为因素干扰导致的滨海湿地由单一、均质和连续的整体趋向于复杂、异质和不连续的斑块镶嵌体的过程反映景观斑块的面积异质性，斑块面积越小，景观破碎度越大，景观异质性越高。该指标是人类活动干扰导致滨海湿地生态景观变化的一个主要结果，也是滨海湿地生物多样性减少和功能退化的主要原因。

景观多样性是景观在结构、功能以及随时间变化方面的多样性，它反映了景观的复杂性。

表 4.4　状态指标描述

状态指标	具体描述
滨海湿地面积	评价海域滨海湿地面积的大小
滨海湿地斑块数	评价海域滨海湿地斑块数的多少
景观破碎度	评价海域景观斑块总数与滨海湿地景观面积之比
景观多样性	评价海域滨海湿地景观要素的多少

4.3　环渤海区域填海造陆对滨海湿地变化的影响分析

4.3.1　辽宁省

1）评价指标分析

（1）压力指标

辽宁省湿地的压力指标是通过人工岸线平直化和填海造陆占用面积比（表 4.5）。

从表4.5可以看出，自然岸线损失严重，2010年自然岸线损失比达到4.36%，随后有所放缓，2012—2014年间自然岸线损失继续加速，2014年自然岸线损失比达到11.73%；与之对应的岸线平直化程度加剧，2014年岸线平直化程度达到12.63%。

表4.5 2005—2014年辽宁省滨海湿地压力指标变化情况

指标	2005年	2008年	2010年	2011年	2012年	2014年
自然岸线损失比/%	—	1.87	4.36	0.02	5.45	11.73
岸线平直化比/%	—	2.79	7.46	2.62	8.01	12.63
填海造陆占用面积比/%	0.90	0.80	2.20	1.30	1.60	0.26

填海造陆所占用的湿地面积在2010年达到最大，2010年之前占用湿地面积比都未超过1%，其后两年填海造陆活动减缓，但占用湿地面积仍大于1%，2014年填海造陆有加大的幅度有所减缓。

通过压力指标可以看出，辽宁省2010年填海造陆活动对岸线、滨海湿地的影响程度最为剧烈，之后有所放缓，但仍在较快地改变着辽宁省的海域状况。

（2）状态指标

辽宁省湿地状态主要有滨海湿地面积、斑块数、破碎度以及景观多样性来体现：2014年辽宁省滨海湿地总面积为7 570.93 km^2，较2000年减少了560.98 km^2，且呈现逐年减小的趋势。

斑块数与斑块破碎度体现了湿地景观的宏观分布状态，通过破碎度指标可以量化地认识各类湿地类型的分布状态。从表4.6中可知，2011年湿地破碎程度最为严重，说明湿地分布较为分散，2014年湿地破碎度有所改善。

景观多样性表征某一区域内景观类型的复杂程度，2005年辽宁省景观多样性最大，说明其景观类型较为丰富，2010年景观多样性最小，说明此时间内辽宁省景观类型有所减少，其他3个时期景观多样性保持稳定。

表4.6 2005—2014年辽宁省滨海湿地景观格局变化情况

指标	2005年	2008年	2010年	2011年	2012年	2014年
滨海湿地面积/km^2	8 052.7	7 988.49	7 809.8	7 710.99	7 590.72	7 570.93
滨海湿地斑块数/个	553	618	544	738	565	383
滨海湿地破碎度	0.069	0.078	0.07	0.096	0.075	0.05
景观多样性	1.21	1.18	1.05	1.19	1.18	1.16

通过对辽宁省滨海湿地压力指标和状态指标的分析，可以看出，受填海造陆影响，辽宁省滨海湿地面积、斑块数、景观多样性总体呈现下降趋势，破碎度在2010年达到最大，后有所降低。其中，2005年辽宁省湿地类型较为丰富且连续分布程度高。2010年，受填海造陆活动影响最为剧烈，景观上呈现破碎分布的状态且景观多样性减少，

其后 2011—2014 年间景观破碎程度有所恢复，景观多样性保持稳定。

2）典型区域分析

辽西锦州湾沿海经济区是国家战略辽宁“五点一线”中的一点，包括锦州西海工业区和葫芦岛北港工业区。其中锦州西海工业区规划开发面积 22.76 km^2，葫芦岛北港工业区规划面积 21.87 km^2，起步区面积 16.87 km^2。

锦州湾沿海经济区建设填海造陆，占用了该区域大片的滨海湿地，改变了滨海湿地的自然属性，湿地总面积呈逐年减小的趋势。截至 2014 年，锦州湾沿海经济区湿地总面积为 164.84 km^2，较 2005 年减少 46.24 km^2。图 4.14 中建设用海部分在 2005 年主要由河流、坑塘、海涂、滩地等滨海湿地类型组成，而现在已经转变为各类建设用地。

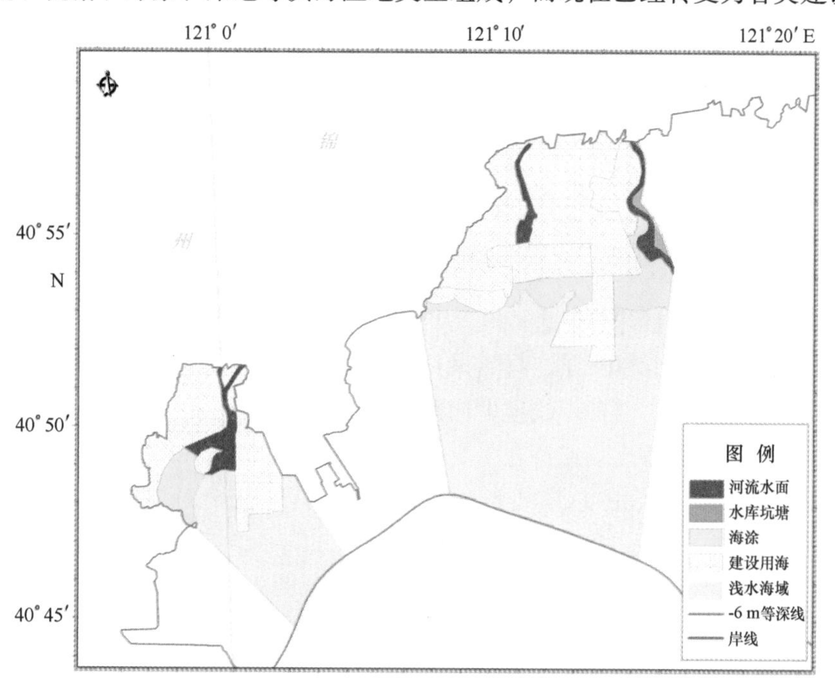

图 4.14　2014 年锦州湾沿海经济区湿地分布

表 4.7　2005—2014 年锦州湾沿海经济区湿地面积统计　　单位：km^2

项目	2005 年	2008 年	2010 年	2011 年	2012 年	2014 年
天然湿地	210.56	203.72	188.72	170.81	164.65	162.58
人工湿地	0.52	4.92	4.34	4.82	2.61	1.26
建设用海	33.03	39.27	53.28	70.63	83.75	86.98
湿地总计	211.08	208.64	193.06	175.63	167.26	164.84

图 4.15 中显示，从 2005—2014 年锦州湾沿海经济区湿地呈现缓慢减小的趋势，而填海造陆活动形成的建设用海面积却逐年增加。

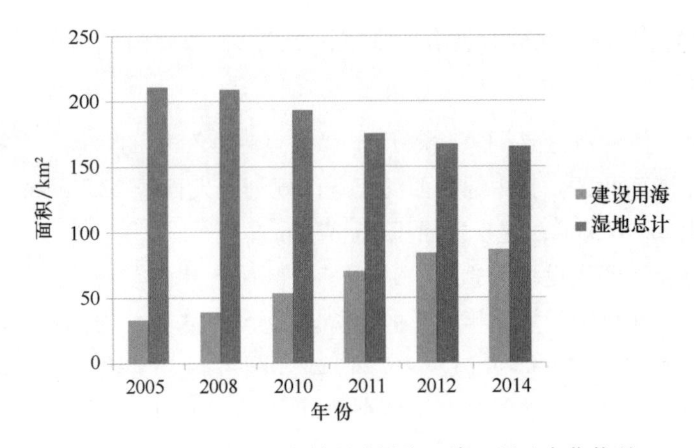

图 4.15 2005—2014 年锦州湾沿海经济区湿地变化状况

4.3.2 山东省

1）评价指标分析

（1）压力指标

山东省湿地压力指标统计见表 4.8。从表 4.8 可以看出，山东省自然岸线损失较为严重的年份为 2008 年和 2014 年，自然岸线损失比达到 2%以上，2010 年以及 2012 年自然岸线损失较为缓慢，自然岸线损失比都在 1%以下。

山东省岸线平直化程度均维持在 1.5%以上，其中 2008 年和 2011 年增加较快，这两个阶段增加的人工岸线占总岸线长度的近 2%，其他几个时期人工岸线增长较为稳定。

填海造陆占用湿地面积比在 2011 年达到最大，说明 2011 年山东省填海造陆活动较其他年份剧烈。2011 年之前，每个时期的填海造陆占湿地面积比都未超过 1%，之后填海造陆活动也呈现减缓的趋势。

表 4.8 2005—2014 年山东省滨海湿地压力指标变化情况

指标	2005 年	2008 年	2010 年	2011 年	2012 年	2014 年
自然岸线损失比/%	—	2.23	0.71	1.88	0.63	2.02
岸线平直化比/%	—	1.97	1.75	1.96	1.51	1.70
填海造陆占用面积比/%	0.55	0.17	0.61	1.33	1.12	0.03

（2）状态指标

山东省湿地状态主要由滨海湿地面积、斑块数、破碎度以及景观多样性 4 个指标来体现。总体来看，山东省滨海湿地面积呈现逐年减少的趋势，其中 2014 年山东省滨海湿地总面积为 7 701.32 km^2，较 2005 年减少了 254.18 km^2。

山东省滨海湿地在 2011 年前后呈现两种状态。2011 年之前，湿地面积是减少的，湿地斑块数呈现增加趋势，到 2011 年达到最多，面积减少而斑块数增多导致湿地破碎度增大，至 2011 年湿地破碎度达到最大。2011 年之后湿地面积、斑块数均有所减少，但湿地面积的下降速率低于斑块的减少速率，使得湿地破碎度有所改善。

山东省滨海湿地的景观多样性在 2005 年时较大，达到 1.56，以后几个年份均未超过 1.35，说明湿地类型的多样性正被逐渐的弱化。

表 4.9　2005—2014 年山东省滨海湿地景观格局变化情况

项目	2005 年	2008 年	2010 年	2011 年	2012 年	2014 年
滨海湿地面积/km^2	7 955.5	7 941.74	7 893.52	7 789.91	7 703.62	7 701.32
滨海湿地斑块数/个	906	935	955	1 002	802	786
滨海湿地破碎度	0.114	0.118	0.121	0.129	0.104	0.10
景观多样性	1.56	1.27	1.25	1.34	1.3	1.41

通过分析山东省湿地的压力指标和状态指数可知：以 2011 年为分水岭，之前山东省填海造陆活动较为剧烈，自然岸线损失严重，人工岸线不断增加，湿地破碎程度有所加大，湿地分布较为分散，致使湿地功能弱化，景观多样性降低。2011 年之后，随着填海造陆活动的减缓，湿地面积虽有所减少，但湿地破碎度有所减小，景观多样性有所增加，湿地质量有所改善。

2）典型区域分析

龙口湾临港高端产业聚集区（龙口部分）是以现代海洋装备制造为主的临港高端制造业聚集区，山东半岛蓝色经济区的特色产业城市和重要组成部分，集中集约填海约 35 km^2，以现代装备制造业为核心，以高端制造业为方向，建设集先进制造、现代物流、研发服务、出口加工等功能为一体的现代化综合型产业聚集区。发展重点将围绕一条主线，建设一个中心，打造四大基地。一条主线，即发展临港高端制造业；一个中心，即建设渤海南岸重要的区域性物流中心；四大基地，即全力打造现代海洋装备制造工业、高端金属材料加工制造业、汽车改装及零部件制造业、新能源和新材料产业四大临港高端制造业基地。形成产业规模大、创新能力较强、生态环境良好、海陆统筹发展的蓝色经济区。

龙口湾临港高端产业聚集区（龙口部分）所在海域 2014 年湿地总面积为 16.19 km^2，主要是天然湿地（-6 m 等深线以下的浅海水域）。但湿地总面积有逐年减小的趋势（表 4.10）。

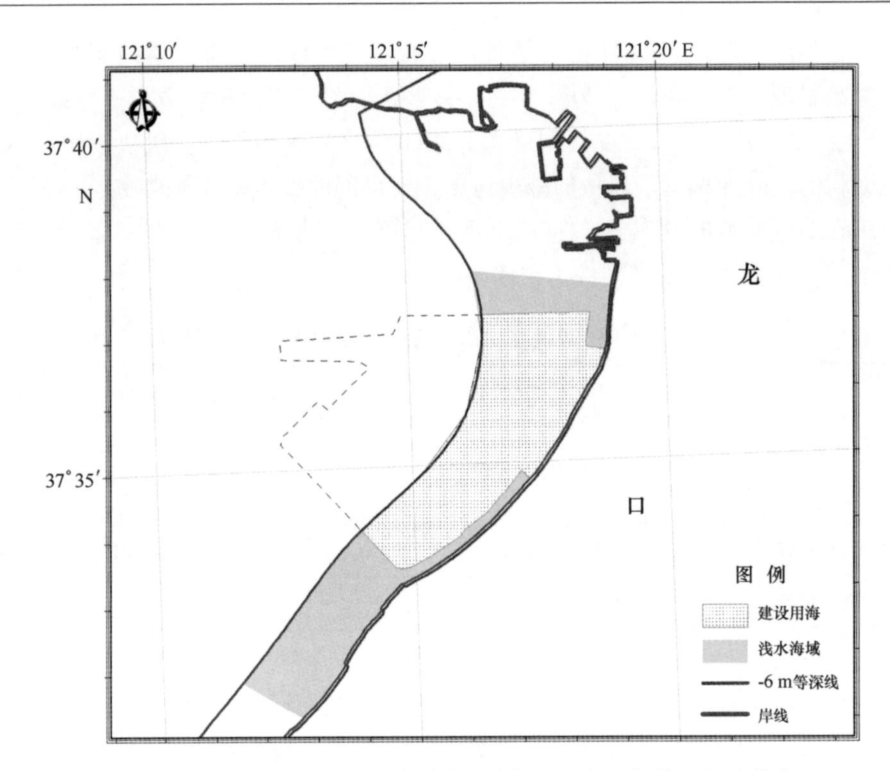

图 4.16 2014 年龙口湾临港高端产业聚集区（龙口部分）湿地分布

表 4.10 2005—2014 年龙口湾临港高端产业聚集区湿地面积统计 单位：km^2

项目	2005 年	2008 年	2010 年	2011 年	2012 年	2014 年
天然湿地	37.32	37.32	37.32	35.09	16.19	16.19
人工湿地	0	0	0	0	0	0
建设用海	0	0	0	2.23	21.13	21.13
湿地总计	37.32	37.32	37.32	35.09	16.19	16.19

图 4.17 中显示，从 2005—2011 年湿地面积变化不大，2012 年有较大幅度的减少；2011 年开始出现填海造陆形成的建设用地，2012 年有大幅度增长。2014 年较 2012 年没有变化。

4.3.3 河北省

1）评价指标分析

（1）压力指标

河北省湿地压力指标统计见表 4.11。从表 4.11 可以看出，河北省自然岸线损失在 2008 年最为严重，岸线损失比达到 8.47%，说明这期间人类填海造陆活动对海域影响非常剧烈，其后有所减缓，至 2014 年未有自然岸线被占用的情况出现。

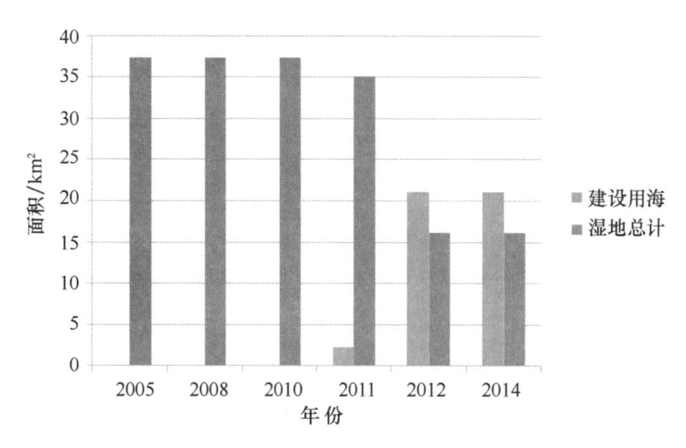

图 4.17　2005—2014 年龙口湾临港高端产业聚集区湿地变化状况

岸线平直化程度在 2008 年有了一个快速的增长，达到 20.32%，其后平直化程度有所放缓，至 2014 年未出现新增人工岸线。

填海造陆占用面积比在 2008 年达到最大，远远超过其他几个时期的填海造陆面积，说明河北省填海造陆活动主要集中在 2005—2008 年期间，其他几个时间填海面积相对保持稳定，未出现大幅变动，2014 年未出现填海造陆活动。

表 4.11　2005—2014 年河北省滨海湿地压力指标变化情况

指标	2005 年	2008 年	2010 年	2011 年	2012 年	2014 年
自然岸线损失比/%	—	8.47	3.93	4.17	1.78	0.00
岸线平直化比/%	—	20.32	5.80	7.08	9.19	0.00
填海造陆占用面积比/%	1.05	8.58	1.84	1.91	1.85	0.00

（2）状态指标

河北省湿地状态指标主要有滨海湿地面积、斑块数、破碎度以及景观多样性 4 个。从表 4.12 统计结果分析，河北省滨海湿地面积总体呈现减小趋势，其中 2014 年河北省滨海湿地总面积为 2 198.25 km^2，较 2005 年减少了 324.92 km^2。

湿地斑块数在 2008—2010 年期间有所增加，之后一直保持较为稳定的状态，没有出现较大幅度的变动，导致湿地破碎度在 2010 年达到最大，之后面积与斑块数基本同速率下降，湿地破碎度保持稳定状态。

景观多样性指标至 2010 年达到最大，其后基本保持稳定。

通过对河北省滨海湿地压力指标和状态指标的分析得到：2008 年是河北省填海造陆活动较为活跃的时期，导致该时期河北省自然岸线损失严重，岸线平直化加剧，景观破碎程度最大，之后湿地功能相对有所改善，基本保持稳定状态。

表 4.12 2005—2014 年河北省滨海湿地景观格局变化情况

项目	2005 年	2008 年	2010 年	2011 年	2012 年	2014 年
滨海湿地面积/km^2	2 523.17	2 323.73	2 281.64	2 238.92	2 198.25	2 198.25
滨海湿地斑块数/个	192	186	206	187	180	185
滨海湿地破碎度	0.076	0.08	0.09	0.083	0.081	0.08
景观多样性	0.97	1.05	1.17	1.08	1.15	1.131 9

2）典型区域分析

曹妃甸集约用海区（曹妃甸工业区）是贯彻落实国家发展曹妃甸循环经济示范区部署的具体体现，该区域是曹妃甸新区的核心区和龙头带动区，位于曹妃甸新区南部，规划面积 310 km^2，2005 年 10 月 8 日成立。功能定位为能源、矿石等大宗货物的集疏港、新型工业化基地、商业性能源储备基地和国家级循环经济示范区；主要依托深水大港和国内国际两种资源及两个市场，建立以现代港口物流、钢铁、石化、装备制造四大产业为主导，电力、海水淡化、建材、环保等关联产业循环配套，信息、金融、商贸、旅游等现代服务业协调发展的产业体系；建成依托京津冀，服务环渤海，面向世界的国家级临港产业循环经济示范区（图 4.18）。

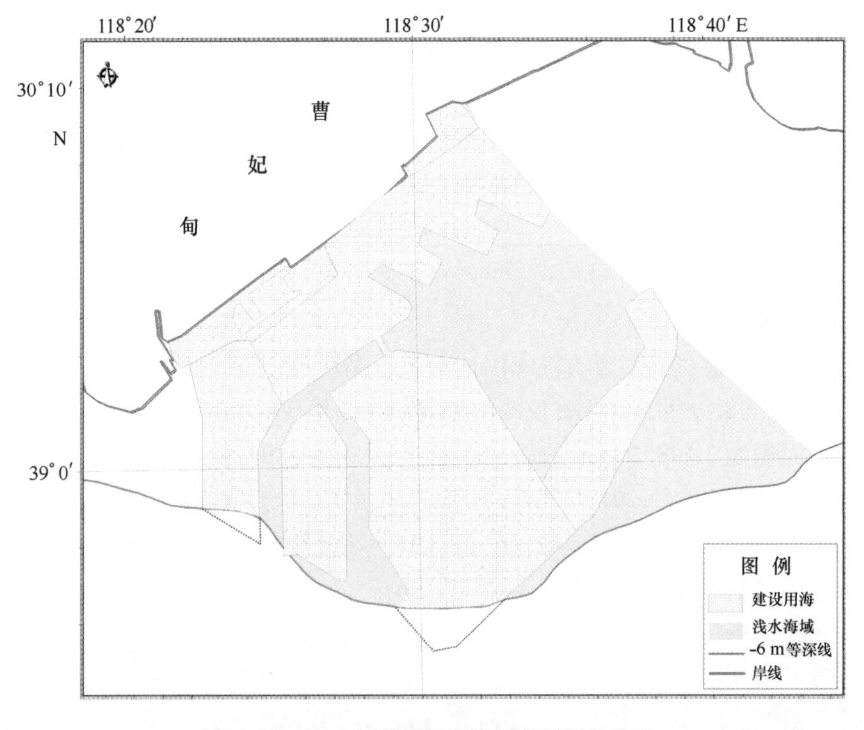

图 4.18 2014 年曹妃甸集约用海区湿地分布

随着曹妃甸循环经济示范区建设的不断推进，曹妃甸集约用海区填海造陆项目不断增加，直接占用了滨海湿地，湿地总面积呈逐年减小的趋势。截至 2014 年，滨海湿地面积为 176.15 km²，较 2005 年减少 233.63 km²，仅为 2005 年的 43%。湿地类型 2005—2012 年以天然湿地为主，并分布有少量人工湿地（主要为养殖池），人工湿地基本上占湿地总面积的 10%左右。至 2014 年，由于进行了沿海养殖池塘的拆除，湿地类型主要为天然滨海湿地，但由于填海造陆活动的影响，湿地面积大幅缩减（表 4.13）。

表 4.13　2005—2014 年曹妃甸集约用海区湿地面积统计　　单位：km²

项目	2005 年	2008 年	2010 年	2011 年	2012 年	2014 年
天然湿地	379.17	249.71	205.96	175.84	175.35	176.15
人工湿地	30.61	30.61	30.66	21.56	21.56	0
建设用海	0	143.6	184.46	228.23	229.2	253.41
湿地总计	409.78	280.32	236.62	197.4	196.91	176.15

图 4.19 中清晰地显示了从 2005—2014 年湿地呈现逐渐减小的趋势，取而代之的是填海造陆活动形成的建设用海面积的增加。

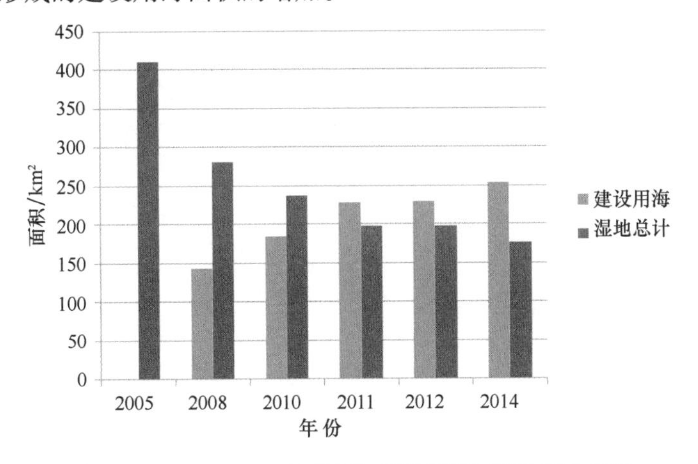

图 4.19　2005—2014 年曹妃甸集约用海区湿地变化状况

4.3.4　天津市

1）评价指标分析

（1）压力指标

天津市湿地压力指标统计见表 4.14。从表 4.14 可以看出，天津市自然岸线损失在 2008—2011 年一直处于快速增长状态，2011 年损失最为严重，自然岸线损失比达到 11.26%。与此同时，岸线平直化程度在 2010 年最为剧烈，从 19.77%增长到 56.64%，增长速度超过其他几个时期。2012 年之后未出现自然岸线损失的情况。

填海造陆占用湿地面积在 2010 年达到 12.28%，说明这段时间填海造陆活动频繁，这也印证了2008年天津滨海新区开发建设的如火如荼，其后至2012年填海造陆减少，占用总湿地面积比仅为3.78%。2014年未出现填海造陆活动。

表4.14 2005—2014年天津市滨海湿地压力指标变化情况

指标	2005年	2008年	2010年	2011年	2012年	2014年
自然岸线损失比/%	—	4.31	9.99	11.26	0.00	0.00
岸线平直化比/%	—	19.77	56.64	26.60	0.06	0.00
填海造陆占用面积比/%	3.28	2.03	12.28	10.24	3.78	0.00

（2）状态指标

天津市湿地状态指标主要有滨海湿地面积、斑块数、破碎度以及景观多样性4个。从表4.15统计结果分析：2005—2014年间，天津市滨海湿地呈现逐年减少的态势，其中2010—2011年减少速度较快，2012年天津市滨海湿地总面积为988.87 km^2，较2005年减少了307.4 km^2。

天津市滨海湿地破碎度在2010年达到最大，说明在此阶段湿地受到严重干扰，呈现分散分布的状态。

景观多样性在2010年达到最大，这主要可能是填海造陆初期形成了较多的人工坑塘造成的，其后2011年迅速减小到0.5，说明天津市滨海区域经历大规模填海造陆后，湿地类型损失严重，2012—2014年稍有恢复。

表4.15 2005—2014年天津滨海湿地景观破碎度变化情况

项目	2005年	2008年	2010年	2011年	2012年	2014年
滨海湿地面积/km^2	1 296.27	1 270.43	1 131.45	1 026.28	988.87	988.87
滨海湿地斑块数/个	59	39	57	40	29	26
滨海湿地破碎度	0.05	0.03	0.05	0.04	0.03	0.03
景观多样性	0.89	0.72	1.02	0.5	0.74	0.83

通过对天津市滨海湿地压力指标和状态指标的分析可知，天津市在2008—2010年期间填海造陆活动剧烈，自然岸线损失严重，湿地减少较快，景观多样性由于填海造陆，短时间内迅速锐减。

2）典型区域分析

天津滨海新区位于天津东部沿海地区，环渤海经济圈的中心地带，是国务院批准的第一个国家综合改革创新区。拥有海岸线153 km，陆域面积2 270 km^2，海域面积3 000 km^2。滨海新区的功能定位为：依托京津冀、服务环渤海、辐射“三北”、面向东北亚，努力建设成为中国北方对外开放的门户、高水平的现代制造业和研发转化基地、北方国际航运中心和国际物流中心，逐步成为经济繁荣、社会和谐、环境优美的宜居生态型新城区。

2005—2014 年，天津滨海新区湿地面积呈现逐年减少的态势，其中 2008—2011 年，湿地面积减少 163.34 km^2，年均速率减少 12.7%。湿地种类在 2005—2010 年为天然湿地和人工湿地并存，主要由芦苇地、水库坑塘、海涂以及水下湿地组成。至 2011—2014 年，由于天津滨海新区开发开放建设，填海造陆活动增多，人工湿地全部消失，湿地种类主要为芦苇地以及水下湿地等天然湿地，其中海涂全部消失，水下湿地也逐年减少（表 4.16）。

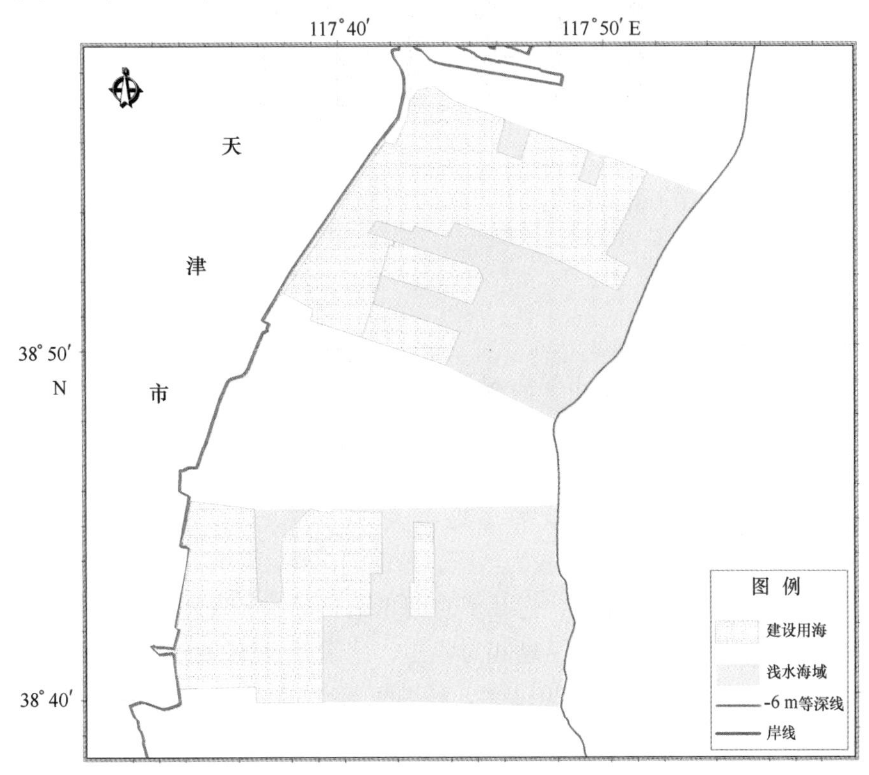

图 4.20　2014 年天津滨海新区湿地分布

表 4.16　天津滨海新区湿地面积统计　　单位：km^2

项目	2005 年	2008 年	2010 年	2011 年	2012 年	2014 年
天然湿地	418.53	418.28	323.23	254.94	230.55	230.55
人工湿地	7.39	7.39	28.75	0	0	0
建设用海	24.03	24.03	97.68	191.39	223.4	223.4
湿地总计	425.92	425.67	351.98	254.94	230.55	230.55

图 4.21 中清晰地显示出从 2005—2012 年湿地呈现逐渐减小的趋势，取而代之的是填海造陆活动形成的建设用海面积的增加，2012—2014 年未出现填海造陆活动，因此

该区域湿地没有发生变化。

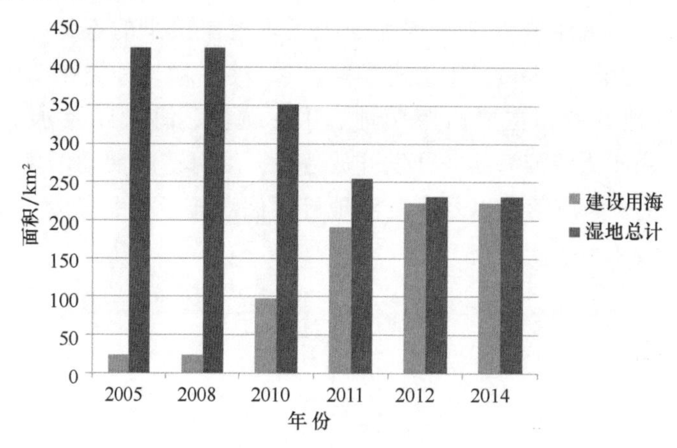

图 4.21　2005—2014 年天津滨海新区湿地变化状况

4.3.5　小结

通过对环渤海区域三省一市滨海湿地的压力指标和状态指标的分析，总体看来，环渤海区域填海造陆活动在 2005—2011 年期间较为活跃，其中 2005—2008 年以河北省最为活跃，造成湿地面积损失 199.44 km^2，占湿地损失总面积的 12.96%，2008—2010 年以辽宁、天津较为活跃，造成的湿地损失 317.67 km^2，占湿地损失总面积的 20.65%；2010—2011 年以山东省较为活跃，造成的湿地面积损失 103.61 km^2，占湿地损失总面积的 6.74%。综合分析，这几个时期正是环渤海三省一市落实各自国家级战略规划实施的前几年，填海造陆活动相对集中，范围较大。2011—2014 年之间环渤海区域填海造陆活动陆续减少，至 2014 年，环渤海三省一市基本未有填海造陆活动，湿地面积保持稳定。

从滨海湿地的破碎度来看，环渤海区域滨海湿地的破碎度在 0.03～0.129 之间波动。其中从空间尺度上来看，山东的滨海湿地破碎度指数最高，其次为河北、辽宁和天津；从时间尺度上看，环渤海区域滨海湿地破碎度呈现先升高后降低的趋势。

从滨海湿地的景观多样性来看，环渤海区域滨海湿地景观多样性指数在 0.5～1.56 之间波动。其中从空间尺度上来看，山东的滨海湿地景观多样性程度较好，其次是辽宁、河北和天津；从时间尺度上看，景观多样性指数基本保持稳定，未出现大的波动。

第5章　国外湿地管理和保护政策

湿地具有重要的社会经济价值、生态价值和景观价值。如何加强对湿地的保护与管理，对维持物种生物多样性，保障沿海地区公众生活和生产均具有重要意义。发达国家对于湿地的管理也经历了湿地开发期、政策转型期、湿地全面保护期3个时期，在经历了大规模的湿地开发之后，逐步意识到湿地的重要生态、经济、人文价值，制定了相关的法律、政策，从制度上规范了对湿地的管理和保护，并取得了良好的成效。

5.1　美国湿地管理

美国是世界上湿地生态系统比较丰富的国家之一。20世纪60年代之前的美国处于湿地开发期。当时的美国为了增加土地开发的数量，缓解水资源的短缺，大力开发湿地资源。1860年通过的《沼泽地法案》将64 900万英亩的湿地划分给15个州，采用保险、补贴等手段，鼓励民众开发利用湿地。在政府的支持下，这一时期的美国湿地开发速度加快，湿地的生态环境遭到破坏，80%以上的湿地被毁，许多哺乳动物、鱼类和鸟类等由于湿地生境的破坏、退化而濒于灭绝。

自20世纪60年代起，美国政府、科学家、社会组织等开始意识到湿地保护的重要性，美国进入湿地政策转变期，政府对于湿地的政策从鼓励开发、补贴政策转到鼓励湿地保护和恢复，湿地开发得到有效控制。1972年，美国通过了《联邦水污染控制法修正案》，1977年正式颁布的法律更名为《水清洁法》，其中第404条授权陆军工程师团和环保署，对进入美国水网的挖掘排放物及填充材料进行管制，建立起许可证制度，规定未经许可禁止向水体挖掘或填埋物质，而美国水体包括美国所有的河流、湖泊、池塘和湿地。其中陆军工程兵团管理湿地许可计划，而环保署负责检查及政策、标准制定。这一法律彰显了美国政府对湿地生态的重视。随后《关于湿地保护的第11990号行政命令》（Executive Order 11990，1977）和各州湿地法一系列政策的实施使得1974—1982年美国境内湿地净扭转速率从每年45.8万英亩下降到29万英亩，下降了37%。大沼泽条款（Swampbuster Provision）中的“湿地破坏者条款”进一步明确规定自1985年12月23日以后在由湿地开垦的农田里种植作物的人无权再从联邦农业补助项目中获益，丧失农业补贴的内容。《税收改革法》（Tax Reform Act，1986）完全删除了对湿地改造进行税收鼓励的条文，以对保护湿地的个人给予税收鼓励代之。这两项政策大大削弱了20世纪60年代之前美国对湿地开发实行的激励政策。

1988年，布什政府提出实现美国湿地“零净损失”的湿地保护目标，美国进入湿地的全面保护时期。“零净损失”（No Net Loss）是改良湿地的管理方法，是指为了保护湿地生态的平衡，应当全力保护湿地，转换成其他用途的湿地数量必须通过重建或恢复的方式加以补偿，从而保持甚至增加湿地资源基数。该种补偿方式摒弃了行政手段，而采用了市场的调节手段介入湿地的保护政策中，政府通过开发、恢复和重建受破坏的重要湿地，实现“零净损失”的这一个动态的过程目标，这不仅要保持数量的零净损失，还要在湿地生态系统的功能和服务方面也要零损失。这一时期重要政策是补偿湿地（Mitigation Wetland）政策，具体来说包括被许可人自行补偿、湿地银行补偿和湿地替代费补偿。其中湿地补偿银行（Wetland Mitigation Banking）是美国在1995年专门成立的，以实现“零净损失”目标。湿地补偿银行在运行方式上同货币银行非常相似，是用湿地面积来量化存款和借款的。湿地银行补偿机制的引入，充分调动了专业机构和市场机制在湿地保护中的作用，湿地补偿的效果更好。湿地银行补偿政策是指以第三方的形式实行补偿，即由专业从事湿地恢复工作的实体对湿地进行补偿的机制。他们负责对湿地的保护、恢复和重建，并将这些湿地通过信贷的方式，以合理的市场价格出售给造成湿地损害的主体，承担湿地补偿义务的被许可人从湿地银行购买湿地信用，将补偿责任转移给了湿地银行建设人，湿地银行建设人以及继承人对这些补偿湿地进行永久性的持有和管理。这一补偿机制决定了“补偿湿地”一出现，就进入了经济市场，使开发商在预期对湿地破坏前，先购买再建或修复的湿地的赔偿方式。湿地银行建设时必须得达到湿地银行文书中规定的目标，这样才能有资格进行湿地信用的出售。一般情况下，湿地银行应该是在所批准的开发活动给湿地带来负面影响之前就建设完毕，湿地银行建设人通过建设、存蓄相当量的湿地并出售给开发者，可以获取收益。美国成立了不少的湿地补偿银行，2009年有431家，2011年则增加到了798家，平均每家湿地补偿银行的湿地面积为70.47 hm^2。

美国湿地管理主要涉及水资源管理和土地资源管理两个领域。就土地管理权限划分而言，并不是所有的湿地管理权都掌握在联邦政府手中，美国75%的湿地都位于私人所有的土地上。对于联邦所有土地上的湿地保护工作，美国联邦政府享有完全的、排他的管辖权；联邦所有土地之外的管辖权受到宪法的严格限制，其他土地所有权者在行使权利时，必须遵守联邦、州或地方政府有关湿地保护的限制性规定。只有基于联邦宪法航行条款或商业条款的授权，其他主体才能对湿地事务行使管辖权。这意味着个人权利的行使不得以公众环境利益的丧失为代价。在水资源管理权方面，联邦和各州都有相应的管理权限。

而为实现湿地保护的宏大目标，一方面，美国通过3种方式扩大和提升湿地面积和质量：①对改作他用的湿地进行恢复重建，在适宜的地区开辟新的湿地；②修复退化湿地，增强现有湿地的功能和价值；③发放湿地土地所有权和至少30年的地役权。另一方面，对于对湿地影响最为直接和彻底的湿地开发活动，美国法律制定了日益严格的审查以及许可标准和程序。《水清洁法》第404条规定，工程兵部队审查和决定是否对湿地中的开发活动授予许可，除一般性的“公众利益审查”标准以外，依赖水体的湿地开发项目的审查许可标准还包括：不存在环境影响更小的替代措施，该项目对湿地并无重大不利影响，该项目已采用所有使环境影响减轻的合理技术，该项目不违反任何其他法律。法律程序上也突出公众参与，管理部门应当向公众公开申请书并接受公众书面意见，对于大型项目还应当在开发地附近举行听证会。

由此可见，美国拥有比较完善的湿地保护政策及法律体系，积累了丰富的湿地生态保护管理经验，在其湿地保护中取得了突出的成果。

5.2　澳大利亚湿地管理

澳大利亚的湿地管理与其行政体制有密切联系。作为典型的联邦制国家，澳大利亚的湿地保护和管理以州政府为主导，联邦政府为辅助，各州相对独立地行使湿地的管理职能。联邦政府环境署（Department of Environment and Heritage，DEH）主要负责履行国际公约、制定国家湿地政策、开展湿地项目和技术指导工作。各州政府在中央政府的指导下制定各地区的湿地保护战略和行动计划。这种管理体制能够充分调动地方积极性，并考虑到不同区域的特殊性。

为了保护滨海湿地，澳大利亚政府出台了一系列的法律政策。如 1992 年的《政府间环境协议》，这是澳大利亚环境法的重要文件。其是由联邦政府和各州政府签订，界定了在环境保护管理中各级机构政府的明确分工，角色定位以及权利和责任的分配，旨在缓解联邦体系中的环境保护管理的权限矛盾，从而减少政府冲突，更好地实现环境保护的目标。但是《政府间环境协议》是不具有法律约束力的政策性文件。

1997 年澳大利亚颁布了《国家湿地政策》，确定了湿地保护目标及一系列指导准则，促使联邦各机构在湿地保护问题上相互协调，同时鼓励政府、商业组织和地方社区共同参与和开展合作。联邦层面环境部主要通过自然遗产信托基金资助的国家湿地项目和联邦与州和地区政府间自然遗产信托伙伴协定两个项目推行湿地保护计划和政策。以联邦为指导，新南威尔士、首都特区、西澳、北方特区、维多利亚等州都相继制定了区域性的湿地政策。

1999 年澳大利亚颁布了《环境与生物多样性保护法》，这是澳大利亚联邦一级的法律文件。该法旨在通过评价和批准的程序进行环境保护，通过保护生物所在地的环境和生物物种，实现生物多样性的保护。依据《环境与生物多样性保护法》，对任何具有国家环境重要性的对象造成或可能造成重大不利影响的活动都必须事先实施评价与批准程序，此外，该法还明确了拉姆萨湿地指定与管理的程序，澳大利亚还制定了拉姆萨湿地的管理原则，因此，当滨海湿地属于拉姆萨湿地、世界自然遗迹、迁徙鸟类栖息地、珍稀濒危物种栖息地时，《环境与生物多样性保护法》即适用。

除通过对开发活动和项目开展严格的环境影响评估以限制湿地破坏外，政府还在重要的湿地和鸟类栖息地建立国家公园和自然保护区，建立全面系统的管理制度。以大堡礁海洋公园为例，为了保护其特有的生态系统、防止其生境破坏和退化，澳大利亚 1975 年制定了《大堡礁海洋公园法》，详细规定了大堡礁海洋公园管理机构的设立、权责和权力，管理机构章程和会议，环境管理费征收，管理方案、财政及报告要求、强制引航等。此后政府还继续出台多部法案、条例和规划，建立起健全的多功能分区保护制度，可操作性较强的环境管理费征收制度。地方政府主要工作是对本辖区内的湿地进行保护管理，通过法律政策的颁布、环境评估和审核，以湿地保护为前提，进行湿地开发管理。对于私人所有的湿地，特别是有重要湿地资源的，则采用购买的方式，建立自然保护区或国家公园对湿地进行保护和管理。

非政府组织的自然保护机构在湿地保护活动中发挥了重要的作用，澳大利亚海洋保护协会、湿地保护协会等非政府组织联合成立澳大利亚湿地联盟，定期举行会议讨论湿地保护问题，积极影响政府决策。包括环境公益组织在内的各利益相关方的积极有效参与保证了湿地保护和管理的科学性与合理性，也减轻了政府在财政、执行等方面的压力。澳大利亚还几乎参加了所有的国际性自然保护组织，并签署了有关的协定和公约等。如1972年签署了《拉姆萨尔湿地公约》，1993年加入了《生物多样性公约》，在此之前澳大利亚已经是《濒危野生动植物种国际贸易公约》及《世界自然保护联盟》的以国家或政府名义以及以非政府组织名义参加的成员国。1986年还同我国签署了《中-澳候鸟保护协定》。除政府设立的管理机构外，民间设立自然保护委员会也是一种促进自然保护事业发展的做法之一，这些委员会协助政府制定管理政策，维护自然环境不受破坏，支持国家公园和自然保护区工作。

这样，在联邦政府和州政府的指导协作下，加上非政府组织的积极参与和民众生态保护意识的不断加强，澳大利亚的湿地保护有了长足的发展。

5.3 英国湿地管理

英国的湿地定义是，“一个地面受水浸润的地区，具有自由水面。通常是四季存水，但也可以在有限的时间段内没有积水，自然湿地的主要控制因子是气候、地形和地质，人工湿地还有其他控制因子”。英国的湿地管理分为了两部分：一个是湿地的国际事务管理，由联合工作委员会统一负责；另一个是湿地的国内事务管理，是由其国家自然保护委员会负责。

英国湿地保护法律体系分别由欧盟指令（European Union Directive）和国际条约、中央政府立法和各邦立法3个部分构成。其中，国际条约主要是《拉姆萨尔湿地公约》等；与湿地相关的欧盟指令包括《野生鸟类保护指令》《环境影响评价指令》《水质保护指令》《自然栖息地保护指令》等。中央政府立法主要包括：《自然保育法》（the Conservation Regulations 1994），《野生动物和农村法》（the Wildlife and Countryside Act 1981），《水资源法》《自然环境与偏僻社区法令》（2006年）。各邦的自然保护立法，例如，《苏格兰自然保护法》（2004年）《苏格兰自然栖息地保护法规》《苏格兰政府通告》《北爱尔兰水法和北爱尔兰野生动物法》（1995年）等。

英国的湿地保护比较重视上层管理，即中央政府的职责集中。中央政府制定的法律法规具有最高权限，中央的职责机构也在湿地管理的事务中具有很多权力。1996 年英国成立环境署，将之前的分属部门，比如河流管理局、环境事务部、污染署和废物管控局等部门的权力集中。包括决定来自地方机构或其他机构的决定的诉请裁决；确认或反对上述机构发布的命令等。

英国湿地保护比较有特色的制度是自然保护区制度、公共购买制度和水资源管理制度。英国的自然保护区主要由英国的自然保护委员会负责，旨在通过规范管理，对原生态的环境和动植物进行可持续发展的保护。英国的自然保护区主要分为特殊科学价值区、环境敏感区、近海自然保护区、硝酸盐脆弱区、国家自然保护区和特殊保护区。公共购买制度主要针对的是私人权的湿地。政府通过出钱方式从私人手中购买具有较高生态环境价值或具有重要野生动植物栖息地的湿地区域，从而对该湿地区域进行有效保护管理，实现湿地的生态和动植物的发展平衡。英国水资源管理的立法已有 100 多年的历史，它采取基本立法与条例相结合的方式，即基本立法覆盖所有的目标、指导原则和实施对策，而条例包含标准和过程操作规程，即所谓“原则+技术”的结构。其优点是当需要改变水质标准时，修改条例要比修本立法更便捷。

5.4　日本湿地管理

日本岛屿众多，总面积 $30\times10^4\ km^2$ 余。日本十分重视海洋的保护和发展，其内陆湖泊延伸至海洋，湿地主要为滨海湿地，有海陆过渡的特征。

在日本，湿地一般被称为“干潟”。日本环境省的定义为：潮浸幅度在 100 m 以上，潮浸面积在 $1\times10^4\ m^2$ 以上的砂、碎石、沙、泥等基础地区称之为干潟。日本的干潟依发源地标准分为 4 种类型：前浜干潟、川口干潟、潟湖干潟、河川干潟。日本对于湿地的保护经历了从开发利用到保护优先的政策。在初期，随着日本可利用的土地的减少，其在海洋经济的发展中，倾向于滨海湿地建设用地。锁着沿海经济的发展，日本的滨海湿地迅速减少，生态系统被不断破坏。日本开始重视生态规划，重视其湿地的生态规划、保护和立法管理。

日本的湿地保护法律主要散见于相应的法律法规中，如《自然保护法律》《自然公园法》《湖泊水质保护特别措施法》《鸟兽保护及狩猎法》《自然再生推进法》《濒危野生动植物保护法》《渔业法》《河川法》等。《污染控制法》和《公害救济法》对湿地保护也有法律效力。日本的《自然环境保全法》，是日本环境法调整范围向自然环境领域的延伸，其中多处专门提到了“湿地”概念，可以用于规范与湿地开发利用活动有关的多种法律行为。总体来看，日本的湿地保护法律体系分为三部分：第一部分，是针对湿地生态系统中自然要素的保护立法《如野生动物保护法》《森林法》《土地法》《水法》《草原法》等“纵向”立法；第二部分，是针对包含特定湿地资源的地理单元或区域的综合立法。如《河流法》《流域法》《自然保护区法》《河口法》《海岸法》《滩涂法》《洪积平原法》等“横向”立法；第三部分，是特别针对涉及湿地资源的人类生产开发活动的管理法，如《水资源开发法》《渔业法》《水堤法》《水污染控制法》《防洪法》等。

日本的湿地保护机制中，比较重视民众的参与，国家和民众的力量都得到充分体现。比如《自然环境保护法》中的征询制度和听证会制度。日本重视民众和地方政府的信息交流，充分利用国家机关、地方企业、研究机构以及居民个人的特性，进行相互协作，有效地共同保护了湿地。同时日本设立了滨海湿地的第三者审查机关。其主要由学者和地方代表组成地方自治体的管辖权。当政府和当地人民团体在湿地生态保护上存在意见不一致时，该第三审查机关通过调查研究，进行协调矛盾，解决冲突。虽然目前日本国内对于审核机关存在偏袒政府的异议，但是该机关有着其特有的价值存在。

5.5 韩国湿地管理

韩国在亚洲东部，朝鲜半岛的南半部，其东临日本海，西与中国隔海相望。韩国西南岸的滨海湿地，是广袤的滩涂和大小岛屿、周围群山和黄海融为一体的美丽风景线，这里有规模、面积居全球前五位的天然滩涂。不过，近 40 年来，随着韩国工农业、能源产业、房地产业等对建设用地的需求剧增，滨海湿地受到很大影响，面积迅速缩减。韩国滨海湿地保护立法，也经历了由“湿地开发期”至“政策转变期”再到“湿地保护期”的变迁。

1990 年以前，韩国在经济发展初期，为了其经济的快速发展，广泛开发湿地，进行建设用地，这一点与日本初期比较相近。当时虽然有一些保护湿地的政策法律，如《公有水面围填法》等，但是政府没有将湿地的生态保护放在重要的地位。衡量湿地利用的标准是经济的发展。到 20 世纪 90 年代早期，农业发展的需要和食品的需求是当时改变填埋湿地的主要原因。之后其他工业方面的用地也依托于滨海湿地的开发。但是之后的韩国经过若干个大规模的围垦工程后，湿地面积迅速减少，滨海湿地的生态环境也受到严重破坏，这些都使政府和公众重新思考其所用湿地的理念和方式。滨海湿地的意识不断提高促使了滨海湿地保护政策的逐渐转变，这就是韩国的滨海湿地“政策转变期”。

韩国的《海岸带管理法》于 1998 年 12 月出台，该法主要针对的是韩国海岸带的保护，从海岸带的范围、海岸带的管理规划、海岸带的管理政策、海岸带的生态保护等方面都进行了详细的规定。同时，韩国政府通过对多项法律法规的修订，如《公有水面围填法》，加强了韩国滨海湿地自然保护因素等符合环境可持续发展的规划。此外，韩国政府对于大型的围填造海工程加大了审批力度，加大其环境保护持续发展的要求，从而做到环境友好型的填海。这些都表明了韩国政府对于滨海湿地生态环境保护的决心和行为，这段时间，韩国滨海湿地的生态环境保护得到有利发展。

韩国专门针对滨海湿地的独立法为 1999 年的《湿地保护法》。该法从滨海湿地的法律概念、范围、规划、使用、生态保护以及法律责任等方面去界定滨海湿地的保护。该法于 2004 年和 2008 年修订，2008 年颁发的《湿地保护法实施细则》，是对《湿地保护法》的详细操作补充规定。

2008 年 10 月 28 日至 11 月 4 日，《湿地公约》第 10 届缔约方大会（英文简称：COP10）在韩国庆尚南道昌宁市举行，大会的主题是“健康的湿地，健康的人类”。由韩国起草，专家会议最终定案的《有关人类健康与湿地的昌原宣言》（简称《昌原宣言》）是本届大会的最大成果之一。通过主办该次会议，韩国从政府到民众对于湿地的保护意识提高到了一个新的高度，同时表明了韩国保护湿地生态的决心和行动。该次会议之后，韩国环境部提出一项计划：到 2012 年将列入《湿地公约》保护对象的韩国湿地增加 16 个，湿地保护区将增至 30 个。到 2017 年将 20%以上的滨海湿地列为保护区。将被破坏的滩涂的 10%（约 81 km^2）恢复原状。

5.6 国外湿地保护对中国的启示

通过对上述几个比较典型的发达国家湿地管理政策的分析，从一些国家的滨海湿地制度中寻求有益启示，针对性地借鉴国外先进的湿地保护有益经验，同时结合中国湿地保护的背景和现状，从长远的角度来看待湿地的利用与保护问题，以期为我国的湿地保护工作提供有利借鉴，完善我国的湿地保护管理政策，在人与环境和谐相处的理念指导下更好地实现海洋生态的持续发展。

5.6.1 立足国情，针对性借鉴国外湿地保护经验

上文提到的国家，像美国、澳大利亚都是联邦制国家。而我国是单一制的国家体制，所以在对国外发达国家的湿地管理借鉴时，国情的不同是首先要考虑的因素。我国的中央政府拥有最高权力，地方政府听从中央政府的统一指导，在宪法和法律规定的范围内行使职权。而联邦国家中联邦和州政府的关系不是中央和地方的统领的关系，则是一定权限范围“对等”的关系。联邦制国家明显的外部特征之一即是：除有联邦宪法和联邦法律体系外，联邦各组成部分也有自己的宪法和法律体系。因此在联邦制国家各州湿地立法的效力等级是较高的，也是最为有效的湿地保护法律。美国的大部分州都有自己的湿地专门立法，有些州甚至对不同类型的湿地分别立法保护。比如马里兰州将本州的湿地分为三大类型，分别用三部湿地法律（①非潮汐湿地法；②潮汐湿地法；③海岸区管理计划）进行分类保护，使湿地保护更有针对性。我国在湿地保护法律体系的构建中，中央立法是重点和关键。当前我国湿地保护法律以原则性的单一要素保护和地方立法为主，没有国家层面上的专门针对湿地保护的立法，与我国的国情不符。国外许多国家都颁布了国家层面的环境生态保护的法律，大多数规定了湿地的生态保护和管理。比如澳大利亚的《环境与生物多样性保护法》，对列入湿地公约名录的湿地的保护专门进行了规定；日本的《自然环境保全法》是日本指定的保护环

境的法律法规，其中对湿地保护也有规定，比如其中的意见征询制度和听证会制度，应当作为有益经验为我国湿地保护立法所借鉴。

5.6.2 不断完善立法理念

1）立法宗旨

环境保护与经济发展并非绝对对立的，但是在实际操作中如何兼顾就体现了立法宗旨上的选择。不同的立法宗旨下制定的法律也是不同的，生态环境保护的重要性要求我们要建立生态发展优先的立法宗旨，全力保护湿地的生态环境，科学开发、合理利用湿地。

2）立法原则

湿地保护的法律原则指的是在湿地的法律制度中应当坚持贯彻的基本原则。其中生态优先原则、系统保护原则和可持续发展原则是湿地保护管理中非常重要的法律原则。生态优先原则是在法律制定、选择和实施的过程中，生态价值高于其他价值，生态价值作为优选。系统保护原则，是指充分认清湿地是一个相互联系的完整的生态系统，在此基础上，对湿地的保护更加强调从湿地整体的方面进行全方面、多角度的保护，提高湿地保护各种措施的内在联系，将湿地作为一个完整的系统进行保护。可持续发展原则，是指地方湿地保护立法中，应当在制度的设计和立法选择上，注重保护当代人的湿地权益，同时不损害后代人借助于湿地实现其权益的权利。通过湿地的循环利用，既保护湿地资源，又促进经济发展。

5.6.3 借鉴湿地管理制度

1）湿地保护区/湿地公园制度

自然保护区是指对有代表性的自然生态系统、珍稀濒危野生动植物物种的天然集中分布区、有特殊意义的自然遗迹等保护对象所在的陆地、陆地水体或者海域，依法划定一定面积予以特殊保护和管理的区域。近年来，我国的湿地自然保护区、湿地公园不断增加，对于保护湿地发挥了一定的作用。但是我国的湿地保护区、湿地公园大部分缺乏科学规划，对湿地保护区、湿地公园的管理能力非常有限，未能很好地实现对湿地的保护与合理利用。

国外湿地公园大致包括以下几个类型：①以处理污水为主要目标的湿地公园，如美国的雷通湿地花园、奥兰多伊斯特里湿地公园与博蒙特人工湿地等；②以生物多样性保护与生态教育为核心的湿地公园，如加拿大温尼伯湖橡树湿地中心、澳大利亚纽卡斯尔肖特兰湿地中心、新加坡双溪布洛湿地中心与英国剑桥威肯菲因湿地中心；③以生态教育、休闲旅游为主题的城市湿地公园，如英国伦敦湿地中心。这一点上，我国可以借鉴发达国家在湿地管理的有益经验，根据湿地公园地域特征和类型，分门别类地建设不同类型的湿地公园，丰富发展我国湿地保护区/湿地公园制度的内容。

2）湿地生态补偿制度

湿地生态补偿制度的价值，就在于它对湿地的经济效益与生态功能之间进行了平衡。美国湿地补偿制度已经非常完善，其保证了美国政府对湿地资源的有效管理，又赋予了私人湿地区域极大的自主权。湿地补偿行为是利用市场调节的手段，而不是利用行政手段或命令的方式去进行湿地保护管理的调节。它利用市场管理这只“无形的手”来实现湿地的生态补偿。

《中华人民共和国环境保护法》确立了“谁污染，谁赔偿”的原则，但在湿地保护领域，我国的湿地补偿制度还没有建立。环境责任原则的贯彻和实践需要确立此项制度。借鉴国外湿地补偿的无净损失政策，实现湿地的占补平衡，不仅可以保障我国湿地在总量上，还可以在生态物种上保持平衡，甚至可以得到提高。

5.6.4　管理机构有效履行职责

我国的湿地管理机构主要分为环境资源管理部门和环境保护部门。比如林业部管理湿地范围内的野生动物、植物资源，组织和协调全国的湿地保护工作以及承担履行国际湿地公约的工作，但是国务院并没有赋予林业部对全国的湿地进行统一管理的职能；国土资源管理部门规划全国土地的开发利用，进行统一指导；农业部及其下属的渔政部门指导宜农滩涂、湿地的开发和渔业资源的管理；水利部对水资源进行统一的管理；能源管理部统一开发湿地蕴含的矿产资源；环保部门对湿地环境保护工作进行监督检查等，因此湿地的管理部门涉及多个。我国现存的这种湿地管理体制导致的是管理的效率低下，容易引起管理的责任推诿，不能有效地保护湿地生态。

像美国一些联邦制国家，他们的联邦政府和州政府的权力是相互独立的，可以考虑多职能机构的协调。但是作为单一制国家，中国可以建立专门的湿地管理机构，进行全面统一的管理。同时借鉴美国的协调机制，比如成立湿地管理委员会，负责各个部门之间的协商，并对湿地进行统一的管理。这样中央政府建立权力最高的职能机构，地方在中央政府的统一领导下，保护管理湿地，同时成立管理委员会，进行协调合作。

5.6.5　恢复和重建受损湿地

国外大多数国家都十分重视对受损湿地的修复、恢复和重建工作。美国南佛罗里达大沼泽湿地恢复通过制定《大沼泽湿地恢复综合规划》，采取河湖连通、河道裁弯取直等工程措施，以及恢复本地物种、限制入侵物种的进入等生物措施，并通过生态系统跟踪监测和生态系统评估等对综合规划进行战略调整，有效地恢复该湿地生态系统。旧金山湾滨海湿地恢复研究发现互花米草栖息地是濒危鸟类——长嘴秧鸡的重要栖息地，采用将其暂予以保留，待本土的米草长成后，再对互花米草进行清除等措施进行湿地恢复。哥伦比亚河下游及河口地区采用制定战略、决策、行动、监测/研究以及评估等适应性管理措施，修复了该区域的湿地。为保护密西西比河三角洲的湿地资源，美国执行为期15年的墨西哥湾和密西西比河口湿地的动态监测研究。美国hackensack湿地保护区退化生态系统的生态恢复与管理也遵循了详细的系统规划、设计以及生态恢复过程的监控与管理。不难看出，湿地的恢复和重建是一项复杂的工程，其保护管理、栖息地恢复是建立在科学的规划以及长期的、翔实的本底调查和科研监测以及事中、事后的生态系统跟踪监测和评估的基础上。这就要求我国在进行受损湿地的恢复和重建过程中，要针对不同的保护目标，科学制定湿地生态修复的方案，探讨确定恢复湿地所需要的工程措施和生物措施，加强长期定位研究和观测、监测与评估等相关工作。

5.6.6 强化公众参与

世界主要发达国家在湿地保护方面基本上都建立了完善、多层次的公众参与机制、协调共管机制，来管理湿地。其公众参与的一般形式是采取听证会的形式，从而使公众对湿地保护有着清晰的认识和广泛的赞同。

但是在我国，由于湿地管理涉及很多因素，因此可通过搭建相应的参与平台和机制，依据法律和制度明确规定公众在湿地方面的知情权、参与权、救济权以及公众参与的领域、环节和程序，来协调社会多方面力量共同参与管理湿地资源，对湿地进行有效保护。

第6章 滨海湿地管理的对策建议

6.1 立法先行，建立健全滨海湿地保护法律法规

我国高度重视湿地保护工作，已把湿地保护纳入了我国国民经济和社会发展计划之中，湿地保护也取得了一定成效，但是目前湿地保护法律体系仍不健全。在国家层面，至今我国仍无一部国家级别的关于湿地保护、利用及管理的法律。保护湿地的一些规定多零散地见于《中华人民共和国环境保护法》《中华人民共和国森林法》《中华人民共和国水污染防治法》《中华人民共和国土地管理法》《中华人民共和国水法》《中华人民共和国水土保持法》《中华人民共和国海洋环境保护法》《中华人民共和国环境影响评价法》等。对于滨海湿地，《中华人民共和国海洋环境保护法》中仅对其概念进行了明确的定义，并指出应该保护，但对于应该怎样保护、怎么处罚都没有详细的规定，已经无法满足湿地保护管理工作的实际需要。从地方层面上看，各地对湿地保护工作日渐重视，并且也在积极通过立法的方式加强对湿地的保护和管理，地方性法规的相继颁布和实施，使得湿地朝着依法保护和管理的方向迈出了重要一步。许多省（自治区）如黑龙江、内蒙古、辽宁、湖南、广东、四川、陕西、甘肃、宁夏、吉林、西藏等都已陆续出台了地方湿地保护条例，对湿地保护起到了积极的作用，但国家层面却始终没有出台。目前，国家对湿地的保护采用了综合协调、多部门管理的模式，对湿地的管理分散在海洋、环保、林业、农业等多个中央部门和临海的地方政府。由于各职能部门之间存在诸多交叉、重叠和矛盾，湿地立法会涉及多部门的利益，湿地立法工作任重而道远。

由于湿地保护缺乏统一的法律规定及相关制度体制，中国的滨海湿地资源保护及管理在水生态恢复、保护与利用等方面还存在职责分散、管理缺位等问题，导致滨海湿地资源受损以及严重退化，且这种现象一直在持续过程中，不利于湿地资源的统一规划和管理。建议立法先行，首先进行顶层设计，建议站在跨区域、跨流域、跨行业管理的高度上，立足滨海湿地生态环境改善和恢复，保护现存尚好自然景观的基础上，积极、主动借助科学和技术手段，建立国家滨海湿地管理法律法规及资源环境可持续利用的管理制度，并形成一系列与之对应的具体政策措施。国家滨海湿地管理立法应具有预见性、指导性及适度超前性，以保护、维护和修复滨海湿地功能完整性为目的，原则上应包括滨海湿地保护的管理和修复目标、各部门管理职责、开发保护行为规范、滨海湿地的补偿制度以及破坏滨海湿地应当承担的法律责任等。对于处于各省市、区、自治区边界区域的滨海湿地，条例中要明确建立权威高效的湿地管理协调机制，实现

以流域或区域为单元的湿地科学管理，避免不同地区、不同部门因理念、目标和利益不同而各自为政、各行其是。而对于各省、市、自治区管辖范围内的滨海湿地，应在国家级滨海湿地保护法律法规的指导下，根据当地湿地保护的具体情况及所分布湿地的生态特征，由各沿海省、市、自治区因地制宜，制定出台符合当地实际情况的地方性滨海湿地保护条例，规范滨海湿地资源保护管理和开发利用的各种行为，保障滨海湿地资源受到切实保护和合理利用。同时为各级管理者进行滨海湿地保护管理提供法律依据，切实做到滨海湿地资源管理及开发利用法制化、规范化和科学化。

6.2 区域限批，落实“红线制度”，严控滨海湿地填海造陆活动

随着环渤海沿海地区人口密度和沿海经济的高速发展，沿海地区填海造陆活动日趋增加，导致在未来相当长的一段时间内，对滨海湿地资源的开发和利用不可避免。为应对这种新的形势，必须从生态系统的角度客观地评价滨海湿地空间资源的供给能力，确定滨海湿地的脆弱区和景观生态安全节点，基于滨海湿地生态服务功能和价值，对滨海湿地区域内的经济活动进行优化部署，根据滨海湿地所属类型，区域不同，对其填海造陆活动进行分区管理。

要根据环渤海地区不同滨海湿地类型、保护及利用现状，在重要的海洋生态功能区、生态敏感区和生态脆弱区划定海洋生态红线，实施最严格的环境保护政策和填海造陆管理与控制政策，进行分类管控、强制性保护的制度安排。截至 2014 年 7 月，环渤海三省一市已完成渤海海洋生态红线划定工作，明确将重要的滨海湿地划入海洋生态红线区。红线既要划好，更要管好、执行好。要强化对纳入红线的滨海湿地的监管力度，建立并落实相应的海洋生态红线制度。依据保护对象、保护目标，合理构建滨海湿地生态红线保护网络，落实保护红线，创新保护格局。

实施区域限批和滨海湿地填海造陆总量控制制度，在《全国海洋功能区划（2011—2020 年）》以及各省、市、自治区海洋功能区划的框架下，充分考虑到滨海湿地空间资源的多重用途和生态价值，加强填海造陆对滨海湿地生态系统影响研究，参照陆域 18 亿亩耕地红线制度，提出滨海湿地填海造陆总量并进行控制，合理规划和管理滨海湿地填海造陆，协调不同用海直接的矛盾和冲突，对优先保护的区域禁止围垦，实现滨海湿地的可持续利用。应根据滨海湿地的所处区域、种类、生态特征及现状情况，划分严禁滨海湿地填海造陆区及限制滨海湿地填海造陆区，明确规定禁止或限制开发利用，规范滨海湿地开发利用用海活动，以保存其生态价值或留待将来开发，不同的区域应制定不同的滨海湿地填海造陆开发措施。

对于限制开发海域，应实施滨海湿地填海造陆面积总量控制，由国家根据各地的实际需要分配年度填海造陆总量控制指标，积极推进填海造陆造地工程平面设计方式的转变，由顺岸平推式填海方式逐步转变为离岸式、人工岛式或者多突堤式填海造陆，由大面积整体性填海造陆逐步转变为多区块组团式的填海方式，集中集约进行用海。

实施限批的滨海湿地区域，应严控开发强度，实行严格的项目准入环境标准，明确滨海湿地区域内可用海的项目性质，完善审核程序，加强生态影响和风险评估，强化区域内用海项目产业控制，进一步完善滨海湿地区域内用海项目的环评审批要求。

6.3　生态优先，恢复和重建滨海湿地

加强湿地生态保护，应将湿地恢复和重建纳入沿海地区国民经济和社会发展规划纲要，作为海洋生态文明建设及政府绩效考核的重要内容来抓。湿地生态恢复与管理是一项复杂的系统工程，其按照一定的功能水平要求，由人工设计并在生态系统层次上进行的生态工程。在确定湿地生态恢复方案之前，应对功能设计、操作程序、风险评价、指标体系、恢复技术等进行系统全面的研究和具体规划。要选择一些目前破坏或退化严重的湿地区域，实施滨海湿地海洋生态修复和重建工程，建立海洋生态建设示范区，合理安排湿地恢复、重建的措施、时间进度、资金预算以及后续的管理、养护、监测及评估等工作，增加湿地内部的连通性，逐步实现湿地生态系统服务和功能的恢复，使我国天然湿地的下降趋势得到遏制。要通过滨海湿地的退养还滩和恢复植被、海岸生态防护和生态廊道建设等措施逐步构建滨海湿地生态屏障，恢复滨海湿地污染物削减、生物多样性维护等功能，提高抵御海洋灾害以及气候变化的能力。

要推动污染防治，控制水质污染。实行湿地排污收费制度，按照所排放的污染物的种类、数量、浓度，征收一定费用的管理措施。滨海湿地的自净能力是有限的，因而必须加强对污水的治理。限制排放量，建立这项制度的目的是为了促进排污者加强经营管理，节约和综合利用资源，防治污染的发生，保护和改善环境资源。排污收费的法律效力不能免除治理责任，也不免除因污染造成损失的赔偿责任和法律规定的其他责任。

要恢复湿地水文条件，加强对上游淡水资源的调配与管理，适当增加湿地区域生态用水比例，同时严格限制地下水开采，恢复湿地区域的水文条件，提高湿地功能，逐步恢复原有的湿地生境，使得湿地朝着生态健康的方向发展。

6.4　加强监督管理，推进滨海湿地保护区建设

海洋保护区是有效保护海洋生态系统和生物多样性的有效途径。因此，对于典型及受损滨海湿地，应积极推进滨海湿地保护区建设，加大滨海湿地保护区选划力度。对亟待保护的重要滨海湿地生态系统分布区域，应选划建设海洋自然保护区和特别保护区，填补滨海湿地生态保护的空白点。完善海洋保护区网络建设，包括机构、基础设施、保护管理、科研监测和宣传教育等体系及信息交流能力、社区共管、生态旅游和资源合理利用等项建设内容，加快构建布局合理、规模适度、类型齐全、管理完善的海洋保护区体系。

逐步完善滨海湿地海洋保护区申报模式，建立健全各项制度，使各项涉及保护区

的活动均有章可循，有据可依。在程序上，规定凡需拟选划为保护区的区域，在建区之前要做到充分论证，合理区分各功能区，与本地区的生态环境保护和建设规划相协调。加强海洋保护区的监督管理，切实提高已建海洋保护区的管理水平，建立健全规章制度，做好巡护执法，规范开发活动秩序，禁止在滨海湿地范围内从事破坏湿地资源的活动，周边用海活动不得对滨海湿地环境造成不利影响。通过强化保护区的保护和管理职能，改善湿地环境质量，有效进行滨海湿地的保护和管理，不断提高海洋保护区管理成效。

6.5 强化监测，建立滨海湿地动态监视监测体系

湿地生态特征描述、评价和监测是实现湿地有效管理的重要举措。应摸清滨海湿地生态特征现状，结合管理需求，建立滨海湿地动态监测体系。

开展湿地专项普查。目前我国未进行过滨海湿地的专项调查，滨海湿地的家底还不是很清楚，故有必要对环渤海区域乃至全国的滨海湿地开展一次详细普查。主要内容包括湿地资源的调查、湿地资源的生态价值评估、建立湿地资源数据库。这是一个复杂的体系，需要综合利用统计、经济、环境学、生态学等不同的技术手段对湿地资源进行调查、价值评估。

建立滨海湿地环境监测制度。湿地环境监测是根据保护湿地资源环境的需要，运用物理、化学、生物等方法，对反映湿地资源环境质量的某些代表值进行长时间的监视和测定，跟踪其变化和对环境产生影响的过程。通过这项制度可以及时掌握、评价并提供湿地资源环境质量状况及其发展趋势，为执行各种环境法规、标准，实施湿地资源环境管理提供准确、可靠的监测数据。

创建滨海湿地监测网，明确滨海湿地监测的主要内容（生态组分监测、生态过程监测以及生态服务监测）、频次，对滨海湿地进行动态监测，及时监测、预测预报湿地污染和生态环境动态。在此基础上，应用计算机进行湿地编目，编制全国滨海湿地地图，建立全国滨海湿地资源数据库以及各类子数据库，建立以地理信息系统，遥感系统和全球定位系统等技术为基础的滨海湿地信息管理系统，对湿地系统的变化进行全过程信息监测、信息管理、信息收集、整理及归纳，为滨海湿地的科学管理和合理利用提供科学决策的依据。

加大对滨海湿地资源保护的投入，发展滨海湿地生态环境监测技术，建立滨海湿地监测/观测站。重点发展低功耗小型化海洋生物/化学传感器技术，生态环境现场、原位、实时、快速测量技术；生物效应高通量基础监测技术，远程生态监控技术，深化区域示范系统的研发和应用，优化和集成一批具有自主知识产权和核心技术的装备和系统，为完善滨海湿地监测系统提供技术支撑。

6.6 科学开发，完善滨海湿地生态产业，建立可持续利用的湿地示范

要保护好现有的滨海湿地，并不是说不允许进行湿地的开发和利用，而是要达到

既能够对滨海湿地资源起到保护作用，又能够合理科学地通过对湿地的开发利用，做到湿地环境保护与经济、社会协调发展。科学合理利用湿地资源，才是对湿地的最好保护，可以通过发展滨海湿地生态产业，提高湿地自我补偿能力，实现滨海湿地的可持续发展。这样做有利于在对湿地开发利用不可避免的情况下，将破坏性开发变成保护性开发。要因地制宜展开湿地开发与保护的科学论证，让湿地在净化水质、渔业增收、景观效益等方面发挥不可替代的作用。建立湿地公园，发展滨海湿地旅游以及湿地污水处理可作为目前鼓励发展的对象。

滨海湿地具有得天独厚的观赏和科研价值，应借鉴美国、加拿大、澳大利亚、日本、韩国等国现有的国家海滨公园建设模式，在湿地生态景观优美、生物多样性丰富、人文景物集中、科普宣传教育意义明显的区域建立湿地公园，注重挖掘地域传统文化，以保护滨海湿地生态系统、生物多样性及其景观为主，兼顾滨海休憩娱乐与海洋经济的协调发展，在不影响滨海湿地生态系统稳定性的前提下，适度开展滨海生态旅游、休闲生态渔业等第三产业，并选择试点形成示范模式，供各地参观、学习、借鉴。但应当注意的是，滨海湿地生态旅游的开展应追求生态旅游的真谛，规划建设和游人行为都应做到真正的生态，应在保护的前提下适度利用，通过适度利用实现更好的保护，这一模式在保护和利用中找到最佳平衡，实现滨海湿地生态系统的良性循环，实现生态、社会和经济效益的最大化。

湿地污水处理业也是滨海湿地适宜发展的生态产业，如美国的雷通湿地花园、奥兰多伊斯特里湿地公园与博蒙特人工湿地，以处理污水为主要目标，通过种植适当植物和建设基本装置，在滨海湿地承载能力范围内处理周边工厂企业乃至生活污水，获取一定的经济效益。在滨海湿地开展污水处理业有利于滨海湿地净化水体功能的发挥，也实现了对湿地保护的补偿。

6.7　加大投入，完善滨海湿地生态补偿机制

应加大滨海湿地管理的资金投入，建立滨海湿地可持续利用的投入机制。政府应充分发挥主导作用，尽快建立多渠道、多元化、多层次的滨海湿地保护的融资运行机制，本着国家、地方和社会共同出资，以国家投资为主体的方式来多方筹措资金，不断加大滨海湿地保护与管理的资金投入，尤其要争取社会各方面的投资、捐赠和国际资金的融入，加大湿地保护的资金投入力度，用于湿地修复和重建、湿地调查、保护区及示范区建设、湿地监测、湿地研究、人员培训、执法手段与队伍建设等，更好地实施湿地保护项目和行动，维护已建立的湿地自然保护区正常的保护功能，开展必要的湿地基础研究和生态执法等工作，全面推动湿地保护和合理利用的社会化进程。

要不断完善滨海湿地生态补偿机制。滨海湿地的破坏很大程度上根源于对滨海湿地资源的滥用。而引发资源滥用的经济机制在于缺乏合理的资源价格体系来消除经济活动的外部性问题。在现实经济中，资源的价格未能正确地反映其供求关系，低价甚

至免费的资源使用使人们产生了资源丰富的错觉，促使人们对有关资源过度使用，引发大量的环境污染。对于滨海湿地，往往被视作是没有价值或价值低廉的荒地、荒水或废地，从而导致长时期内对湿地资源的盲目开垦和无序利用，造成了大范围湿地的功能破坏和价值丧失。究其原因，一方面在于对滨海湿地的开发利用所产生的费用较小，并没有包含利用湿地所需要缴纳的滨海湿地生态环境破坏补偿费，更远远小于直接陆域开发购买土地所花费的费用；另一方面在于对湿地的重要性认识不够。因此，应该引入滨海湿地资源生态补偿制度，参照国外“湿地零净损失”思想，采用资金补偿或者异地置换重建的方式，补偿对湿地利用所造成的损失。对于资金补偿，主要是对于依法获得滨海湿地使用权、收益权的当事人，或者依法通过使用湿地获得利益的当事人，都必须支付生态补偿费用，用于湿地的重建、保护和修复。异地置换则主要是在不可避免使用一块湿地时，必须选择一块面积一致的区域重建人工湿地，并使之具有天然湿地应具有的功能和价值。

6.8　加强湿地生态基础科学研究，建立湿地动态监测与评价管理体系

加强科技及人才队伍建设，以高层次创新型科技人才为重点，加强湿地生态基础科学研究，开展湿地新监测技术和新评价方法能力培训，加强国际合作，制定相应的监测与评价技术规范，从湿地生态、湿地经济、湿地文化和湿地保护制度等方面，探索建立湿地生态评价体系和湿地生态风险管理体系。依托高等院校和科研院所，开展湿地学科建设和拓展科研业务，以满足当前我国湿地监测、评价、保护与管理的人才需求。依托全国海域使用动态管理信息系统，建立全国滨海湿地动态管理信息系统，实现数据的科学收集、整理、监测、预警及共享机制，构建滨海湿地动态信息系统，并定期发布我国滨海湿地状况白皮书。

6.9　宣传教育，提高公众保护意识

目前全社会对湿地的生态环境价值和可持续利用重要性缺乏认识，还普遍缺乏湿地保护意识，这是导致至今我国湿地得不到有效保护，生态效益、经济效益和社会效益不能得以持续发挥的主要社会原因。保护和合理利用湿地，必须转变不利于湿地保护和合理利用的传统的资源环境观，必须在全社会逐步树立新的资源环境观，认识到湿地保护对于人类生存和经济社会发展的重大意义。针对目前滨海湿地保护和合理利用的宣传、教育公众滞后，宣传教育公众的广度、力度、深度都不够的现状，今后应充分利用广播、电视等各种媒体，普及湿地、生态和环保知识，大力宣传保护滨海湿地的紧迫性、重要性和必要性，提高区域的湿地宣教效率，要积极开展各类与湿地保护相关的活动，在滨海湿地自然保护区建立教育基地，对肆意破坏滨海湿地的行为要公开曝光并给予严惩，坚决遏制不利于滨海湿地保护的行为。

应充分利用湿地所具有的特殊景观和生物多样性资源，通过开展各具特色的生态

旅游来提高公众意识，使社区有效参与湿地保护与规划工作，实施共管，让湿地在发挥生态功能的同时，产生经济价值，从根本上激发人们保护湿地的积极性，从而实现人与自然和谐相处。要把湿地保护纳入经济社会发展评价体系，建立湿地保护目标体系、考核办法、奖惩机制，明确和落实湿地保护责任，强化部门协作，有利于提高全民湿地保护意识。

参考文献

艾芸.美国湿地保护的新举措[J].湿地科学与管理,2007.3(1):46-47.

安尼瓦尔.木沙.澳大利亚的湿地保护[J].环球林业,2002(6):36-37.

蔡守秋,梅宏.日本滨海湿地保护制度[J].中国海洋报,2010.

蔡守秋.环境资源法学.北京:人民法院出版社,中国人民公安大学出版社.2003,53.

蔡守秋,梅宏.日本滨海湿地保护制度[J].中国海洋报,2010.

蔡守秋,王欢欢.澳大利亚滨海湿地保护政策与法律.中国海洋报,2011.

蔡守秋,王欢欢.各国滨海湿地保护立法介绍.中国海洋报,2010.

陈芳清,Jean Marie Hartman.退化湿地生态系统的生态恢复与管理——以美国 hackensack 湿地保护区为例[J].自然资源学报,2004,19(2):217-222.

陈继红,路瑶.中国环渤海湾区域主要港口发展布局及其层次划分[J].地域研究与开发,2012(5):11-14.

崔璐.国内外湿地保护及湿地公园的建设现状[J].2010,39(4):51-52.

关道明.中国滨海湿地[M].北京:海洋出版社,2012.

关蕾,刘平,雷光春,等.国际重要湿地生态特征描述及其监测指标研究[J].中南林业调查规划,2011,30(2):1-9.

郭义贵.从种群到福利——英国野生动植物保护法的发展历程及其启示意义[J].科技与法律,2006(1):108-109.

国家海洋局北海分局,2009 年北海区海洋环境公报,2010 年.

国家海洋局北海分局,2010 年北海区海洋环境公报,2011 年.

国家海洋局北海分局,2011 年北海区海洋环境公报,2012 年.

国家海洋局北海分局,2012 年北海区海洋环境公报,2013 年.

国家海洋局北海分局,2013 年北海区海洋环境公报,2014 年.

国家海洋局北海分局,2014 年北海区海洋环境公报,2015 年.

国家林业局.湿地管理与研究方法[M].北京:中国林业出版社,2001.

何桐,谢健,等.鸭绿江口滨海湿地景观格局动态演变分析[J].中山大学学报(自然科学版),2009,48(2):113-118.

河北省国土资源厅.河北省海洋资源调查与评价综合报告[M].北京:海洋出版社,2007.

霍素霞,陈生涛,等.环渤海区域开发现状和历史评价[M].北京:海洋出版社,2014

姜宏瑶,温亚利.我国湿地保护管理体制的主要问题及对策[J].林业资源管理,2010,3:1-5.

蒋舜尧,朱建强,李子新,等.国内外湿地保护与利用的经验与启示[J].长江大学学报(自然科学版),2013,10(11):67-71.

交通运输部综合规划司.2011 年公路水路交通运输行业发展统计公报[OL].2012-04-05.

匡小明,谭新华.中美湿地保护立法比较研究[J].中国环保产业,2009.(2):57-58.

雷昆,张明祥.中国的湿地资源及其保护建议[J].湿地科学,2005,3(2):81-85.

李国强.澳大利亚湿地管理与保护体制[J].环境保护,2007(13):78-80.

李培英,杜军.中国海岸带灾害地质特征及评价[M].北京:海洋出版社,2007:312-377.

李媛辉,马小博,彭越.我国湿地保护法制建设的简要回顾与展望[J].林业资源管理,2011,6:12-17.

刘公云.论美国湿地生态补偿法律机制对我国的启示[D].济南:山东师范大学硕士学位论文,2014.

刘红玉.中国湿地资源特征 、现状与生态安全[J].资源科学,2005,27(3):54-60.

刘莹,戴桂林.融入循环经济体系的滨海湿地资源开发思路探讨[J].环境管理与科学,2009,34(1):127-130.

刘拥春,宋希强,等.环渤海沿岸湿地保护[J].中国城市林业,2009,7(1):65-67.

刘玉新,宋维玲,王占坤,等.环渤海地区港口发展现状与趋势分析[J].海洋开发与管理,2011(7):54-57.

陆健健.中国滨海湿地的分类[J].环境导报,1996,1:1-2.

梅宏.滨海湿地保护:韩国的立法与启示[J].湿地科学和管理.2011,7(4):54.

梅宏.大堡礁海洋公园与澳大利亚海洋保护区建设[J].湿地科学与管理,2012,8(4):30-31.

任宝梅.浅谈天津湿地资源保护与合理开发[J].科技创新导报,2010,27:118.

邵琛霞.湿地补偿制度——美国的经验及借鉴[J].林业资源管理,2011,4(2):107-112.

宋园园,营婷,等.国际湿地保护政策及形式的演变研究[J].环境科学与管理,2013,38(5):161.

陶思明.湿地保护是可持续发展的重要课题[J].上海环境科学,1996,15(6):4-5.

王春泽,乔光建.河北省沿海湿地现状评价与保护对策[J].南水北调与水利科技,2009,7(4):46-49.

王鹏.渤海海砂资源分布、物源及控制因素研究[D].青岛:中国海洋大学,2013,5.

王玉娟.湿地保护立法比较研究[D].中国地质大学硕士学位论文,2008:23-24.

沃瑾,郭昊.浅析环渤海港口群的经济运行情况及对策[J].华北科技学院学报,2013(3):120-122.

吴志刚.国外湿地保护立法述评[J].上海政法学院学报,2006(5):98-102.

肖协文,于秀波,潘明.美国南佛罗里达大沼泽湿地恢复规划、实施及启示[J].湿地科学与管理,2012,8(3):31-35.

徐东霞,章光新.人类活动对中国滨海湿地的影响及其保护对策[J].湿地科学,2007(5):282-287.

徐祥民.中国环境资源法的产生与发展[M].北京:科学出版社,2006:23-24.

杨倩.湿地保护与可持续利用的国际经验借鉴[J].环境与可持续发展,2012,6:44-47.

杨永峰.当前我国湿地保护中存在的问题和保护建议[J].湿地科学与管理,2014,10(4):26-29.

杨永峰.我国国家湿地公园建设与发展问题浅析[J].林业资源管理,2014,4:39-45.

叶伟为.美英湿地法律保护之比较研究[J].法制天地,2011(3):137.

于淼.辽宁省海洋经济产业结构分析及优化[D].沈阳:辽宁师范大学,2012,4.

余俊,温秀丽.美英湿地保护法对我国湿地管理的启示[J].中国政法大学学报,2014(3):30-36.

张晶,种月英.浅谈湿地资源分布现状与保护措施[J].绿色科技,2013,11:157-159.

张静,江生荣,等.我国湿地概况与发展趋势[J].江西林业科技,2009(2):44-45.

张立.美国补偿湿地及湿地补偿银行的机制与现状[J].湿地科学与管理,2008.4(4):14.

张明祥,鲍达明,王玉玉,等.美国旧金山湾滨海湿地保护与管理的经验及启示[J].湿地科学与管理,2015,11(1):25-28.

张甜.我国滨海湿地研究现状和保护[J].林区教学,2011(7):70-71.

张晓龙,李培英,等.中国滨海湿地退化[M].北京:海洋出版社,2010.

张绪良,徐宗军,等.中国北方滨海湿地退化研究综述[J].地质论评,2010,56(4):561-566.

张绪良,张朝晖,等.辽河三角洲滨海湿地的演化[J].生态环境学报,2009,18(3):1002-1009.
张振武,王宏.由澳大利亚的生态环境看中国湿地保护[J].吉林水利,2004,6:62-64.
赵洪婧.天津湿地资源现状及保护和合理利用措施[J].天津农林科技,2007,2:35-37.
郑云玉,冯达,等.辽宁省湿地保护现状、问题分析及对策[J].湿地科学,2010,8(2):204-208.
朱建国,王曦,等.中国湿地保护立法研究.北京:法律出版社,2004.
Garener R C,Zelder J,Redmond A,et al.Compensating for wetland losses under the Clean Water Act:E-valuating the federal compensatory mitigation regulation[J].Stetson Law Review,2009,38:231-249.
Gary E.JOHNSON,Blaine D.EBBERTS,Ben D.ZELI.美国哥伦比亚河下游及河口地区基于生态系统的湿地保护与恢复工作——哥伦比亚河口生态系统恢复工程[J].重庆师范大学学报(自然科学版),2012,29(3):8-14.
Kim S G.The Evolution of Coastal Wetland Policy in Developed Countries and Korea [J].Ocean & Coastal Management,2010 (53):562-569.

附录 1　填海造陆识别方法

填海造陆遥感动态监测以地利用数据和海岸线数据为基础，利用 Arcinfo 软件提取海岸线动态范围以及海域土地利用类型变化，然后结合卫星影像提取包含填海造陆类型的多边形图斑并修改其形状，以及赋予相关用途属性。

填海造陆遥感识别技术主要包括以下流程。

1.1　数据收集与处理

开展环渤海区域滨海湿地动态监测的遥感影像以 20~30 m 空间分辨率的卫星影像数据为主。

1.1.1　遥感数据源

研究使用的主要遥感数据是美国陆地卫星 Landsat TM 数据。无法覆盖区域补充使用“环境一号”卫星数据、中巴资源卫星（CBERS）的 CCD 数据等。其中，陆地卫星 TM 数据空间分辨率 30 m，“环境一号”卫星数据空间分辨率 30 m，CBERS CCD 数据空间分辨率 20 m。几种数据的空间分辨率满足监测需求，且均能实现假彩色合成。

1.1.2　遥感影像的时相选择

根据环渤海区域所在地域的特点和湿地监测内容的需要，选择 5 月上旬至 10 月中旬获取的遥感数据，能更好地提取湿地信息。在这个时间区间内，选择遥感信息获取瞬时的影像质量（如含云量度小于 10%等技术指标）。在条件允许情况下，尽量保证所选多期图像的季节一致性。

1.1.3　遥感影像的制备

按照上面中的标准，选取研究区的遥感影像，然后对照 2000 年标准影像进行几何精纠正。2000 年标准影像是对照 1∶10 万地形图经几何精纠正而得，同名地物点的相对位置误差不超过两个像元。影像均保存为 Geotif 格式。采用 Albers 正轴等面积双标准纬线割圆锥投影，具体参数如下：

坐　标　系：大地坐标系

投　　　影：Albers 正轴等面积双标准纬线割圆锥投影

南标准纬线：25°N

北标准纬线：47°N

中央经线：105°E

坐标原点：105°E 与赤道的交点

纬向偏移：0°

经向偏移：0°

椭球参数采用 Krasovsky 参数：

a=6 378 245.000 0 m

b=6 356 863.018 8 m

统一空间度量单位：m

1.1.4 其他辅助数据

收集对环渤海区域湿地遥感动态监测所需要的，具有重要参考意义的数据和其他相关的图件、文字资料等，作为开展遥感监测的参考数据。

1.2 填海造陆边界信息确定原则

填海造陆的定义为在沿海筑堤围割滩涂和港湾并填成土地的工程用海。填海造陆的边界确定分为向海域扩展一侧的外边界确定和靠近内陆一侧的内边界确定两个方面。其中，内边界为前一时期的海岸线的位置；外边界的确定以当前时期的遥感影像数据为基础，采用目视解译人工判读的方法，解译外边界的轮廓，如有明显的线形人工围堰，轮廓线选择人工围堰的外围。

1.3 填海造陆属性确定原则

填海造陆实质上是土地利用变化的具体形式之一，为了与沿海地区土地利用变化研究内容衔接，在对填海造陆的用途划分时，采用与中国科学院全国 1∶10 万土地利用遥感监测分类标准。

中国科学院全国 1∶10 万土地利用遥感动态监测的分类系统，包括 6 个一级类型和 25 个二级类型。

（1）耕地：指种植农作物的土地，包括熟耕地、新开荒地、休闲地、轮歇地、草田轮作地；以种植农作物为主的农果、农桑、农林用地；耕种 3 年以上的滩地和海涂。

①水田：指有水源保证和灌溉设施，在一般年景能正常灌溉，用以种植水稻、莲藕等水生农作物的耕地，包括实行水稻和旱地作物轮种的耕地。

②旱地：指无灌溉水源及设施，靠天然降水生长作物的耕地；有水源和浇灌设施，在一般年景下能正常灌溉的旱作物耕地；以种菜为主的耕地；正常轮作的休闲地和轮歇地。

（2）林地：指生长乔木、灌木、竹类以及沿海红树林地等林业用地。

①有林地：指郁闭度大于 30%的天然林和人工林。包括用材林、经济林、防护林

等成片林地。

②灌木林地：指郁闭度大于40%、高度在2 m以下的矮林地和灌丛林地。

③疏林地：指郁闭度为10%~30%的稀疏林地。

④其他林地：指未成林造林地、迹地、苗圃及各类园地（果园、桑园、茶园、热作林园等）。

（3）草地：指以生长草本植物为主、覆盖度在5%以上的各类草地，包括以牧为主的灌丛草地和郁闭度在10%以下的疏林草地。

①高覆盖度草地：指覆盖度大于50%的天然草地、改良草地和割草地。此类草地一般水分条件较好，草被生长茂密。

②中覆盖度草地：指覆盖度在20%~50%的天然草地和改良草地，此类草地一般水分不足，草被较稀疏。

③低覆盖度草地：指覆盖度在5%~20%的天然草地，此类草地水分缺乏，草被稀疏，牧业利用条件差。

（4）水域：指天然陆地水域和水利设施用地。

①河渠：指天然形成或人工开挖的河流及主干渠常年水位以下的土地。人工渠包括堤岸。

②湖泊：指天然形成的积水区常年水位以下的土地。

③水库、坑塘：指人工修建的蓄水区常年水位以下的土地。

④冰川和永久积雪地：指常年被冰川和积雪覆盖的土地（本类图斑界线由冰川所完成，并将编绘后的蓝膜图提供有关实施片直接套用）。

⑤海涂：指沿海大潮高潮位与低潮位之间的潮浸地带。

⑥滩地：指河、湖水域平水期水位与洪水期水位之间的土地。

（5）城乡、工矿、居民用地：指城乡居民点及其以外的工矿、交通等用地。

①城镇用地：指大城市、中等城市、小城市及县镇以上的建成区用地。

②农村居民点用地：指镇以下的居民点用地。

③工交建设用地：指独立于各级居民点以外的厂矿、大型工业区、油田、盐场、采石场等用地，以及交通道路、机场、码头及特殊用地。

（6）未利用土地：目前还未利用的土地，包括难利用的土地。

①沙地：指地表为沙覆盖、植被覆盖度在5%以下的土地，包括沙漠，不包括水系中的沙滩。

②戈壁：指地表以碎石为主、植被覆盖度在5%以下的土地。

③盐碱地：地表盐碱聚集、植被稀少，只能生长强耐盐碱植物的土地。

④沼泽地：指地势平坦低洼、排水不畅、长期潮湿、季节性积水或常年积水，表层生长湿生植物的土地。

⑤裸土地：指地表土质覆盖、植被覆盖度在5%以下的土地。

⑥裸岩石砾地：指地表为岩石或石砾，其覆盖面积大于50%的土地。

⑦其他：指其他未利用土地，包括高寒荒漠、苔原等。

环渤海区域目前阶段存在的填海造陆的属性主要有城镇用地、工业交通建设用地、坑塘、耕地等土地利用类型（附图 1.1）。

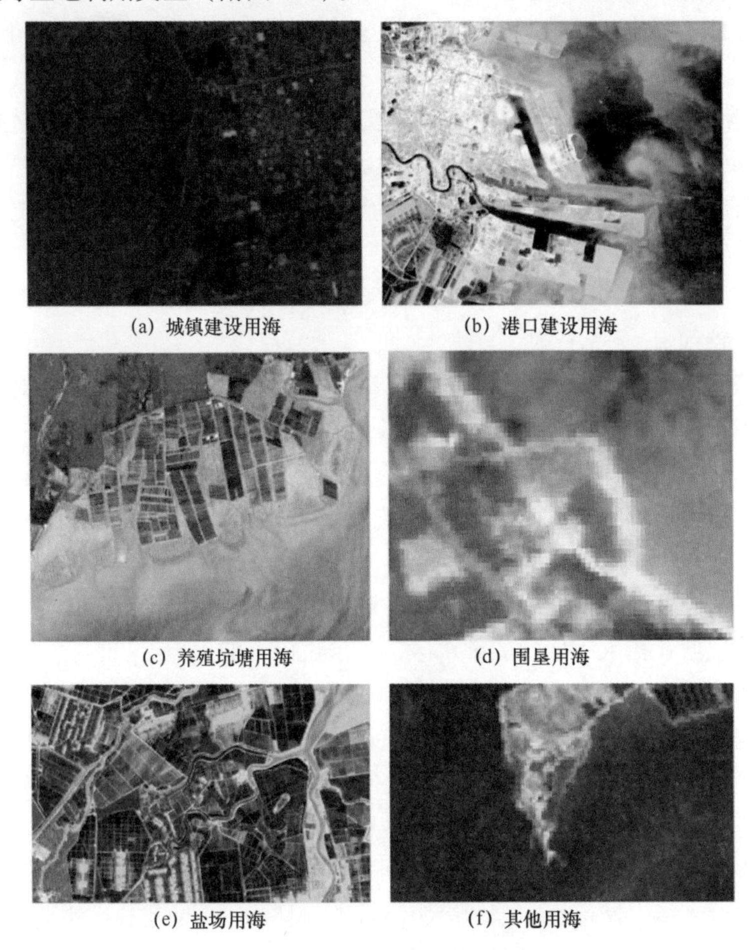

(a) 城镇建设用海　(b) 港口建设用海

(c) 养殖坑塘用海　(d) 围垦用海

(e) 盐场用海　(f) 其他用海

附图 1.1　环渤海区域填海造陆主要用途示例

1.4　海岸线动态范围提取

将两期海岸线叠加，有动态部分的海岸线与前期海岸线围成多边形图斑。使用 Arcinfo/workstation 软件的 Clean 和 Build 命令对其进行拓扑编辑，悬弧（Dangle Length）和容差（Fuzzy Tolerance）参数均设为 1，对于多边形外的悬弧可以通过命令方式，选择一定长度予以删除，如果删除不尽，需要手工删除。多边形的宽度和面积反映了海岸线的变动范围。

将消除伪结点的文件保存。命名规则以 wh_ 加年代名构成，如 2011—2012 年填海造陆数据命名为：wh_ 1112。

1.5　填海造陆数据添加类型属性

使用 Arcinfo/workstation 软件 Edit polygons 模块对海岸线动态范围进行 Split（分割）和 Merge（合并）等操作。填海造陆矢量文件的 wh_ ××××-ID 属性字段宽度占 6 个字节，每个图斑的 wh_ ××××-ID 属性为该图斑的填海造陆类型代码。

对编辑完图形的填海造陆时令数据使用 Clean 和 Build 命令对其进行拓扑编辑。编辑完成后的填海造陆监测结果，采用 Arc/info coverage 的矢量数据格式保存。由质量检查组进行统一的抽样检查，要求分类属性的定性精度优于 90%。质量判定依据全国 1∶10万土地利用数据库质量检查的技术规范。

附录2　滨海湿地遥感监测技术

为实现环渤海区域湿地动态监测的要求，湿地遥感动态监测的技术流程主要包括资料收集与制备、湿地基础底图制作、湿地状况实地考察、湿地修编与底图完成、湿地动态变化信息提取、湿地遥感动态监测的质量检查与集成等环节，包括14项主要作业程序（附图2.1）。

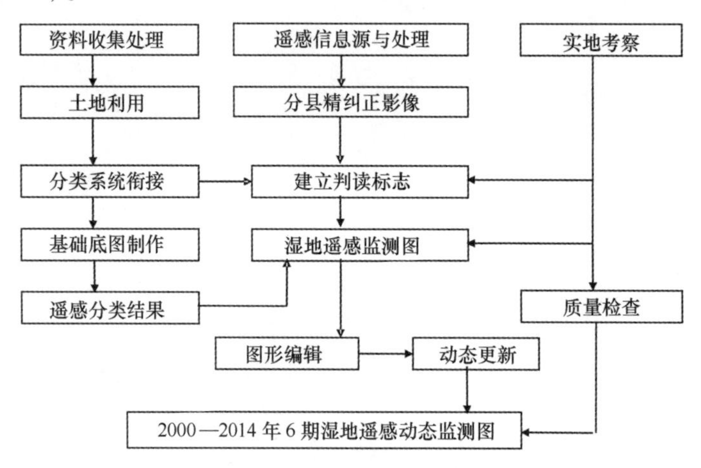

附图2.1　环渤海区域湿地遥感动态监测技术流程

整个技术流程的设计，是在2008年土地利用/覆盖提供的总体土地利用类型控制下，辅助采用人-机交互判读分析、遥感自动分类、调查、相关资料综合分析等多重方法的综合运用，实现滨海湿地遥感监测。在2008年滨海湿地遥感监测结果的基础上，提取2008年前后的湿地及其湿地动态信息，既保证制图结果的总体规律性符合实际、高效率完成，又能保证较高的制图精度和结果可信度。主要技术环节可以归纳为土地利用/覆盖分类转换-遥感分类信息补充-野外考察验证-制作基础监测底图-制作多年期动态监测图等。

2.1　滨海湿地遥感监测分类系统

本研究对湿地的划分主要是应用海岸地貌学、河口生态学的理论与方法，根据湿地的资源特征和环境监测与动态评价的研究目标，结合国内外滨海湿地的分类方案，确定滨海湿地遥感分类的基本原则为：①利于支持滨海环境动态监测及评价研究；②有较强的操作性，保证最低一级的湿地分类单元能从遥感图像上分辨出来。依据上述分类原则，将滨海湿地分为8个类型。各湿地类型、编码及含义如下。

碱蓬地（11）：指生长着一年生草本植物碱蓬的碱湖周边湿地或海涂湿地；
芦苇地（12）：指生长着多年水生或湿生芦苇的池沼、河岸或沟渠湿地；
河流水面（13）：指天然形成或人工开挖的河流及主干渠常年水位的水面；
湖泊水面（14）：指天然形成的积水区常年水位的水面；
水库与坑塘（15）：指人工修建的蓄水区常年水位的水面；
海涂（16）：指沿海大潮高潮位与低潮位之间潮浸地带的湿地；
滩地（17）：指河、湖水域平水期水位与洪水期水位之间的湿地；
其他：（18）：指其他湿地，包括盐田、城市景观和娱乐水面等。

2.2　数据收集与处理

环渤海区域滨海湿地监测使用的遥感数据与影像前期处理方法等与填海造陆相同，见附录 1.1。

2.3　湿地遥感监测基年底图制作

2.3.1　土地利用中与湿地相关类型的提取及判读

将海岸带土地利用数据的分类系统与本研究的湿地分类系统进行衔接。土地利用数据的水域、未利用地及草地类型，包含了全部的湿地类型。因此，将土地利用矢量图的水域、未利用地及草地类型图斑单独提取，作为湿地类型预判的控制边界。因此保证制图结果的总体规律性符合实际和监测任务高效率完成。

2.3.2　湿地信息确定

采用人-机交互判读分析的方法，辅助遥感自动分类、实地调查及相关资料等进行分析综合，实现滨海湿地类型的遥感判读，判读内容包括分类结果的湿地属性和分布边界的准确性。附图 2.2 显示了滨海湿地各种类型的典型示例。

2.3.3　上图标准

在 1∶10 万比例尺湿地监测中，各湿地类型，按照图上面积 2 mm×2 mm 的图上标准，相当于实地 200 m×200 m 的实地面积，相当于当时使用的陆地卫星 TM 数据的 6 个×6 个像元，或者中巴资源卫星 CCD 数据的 9 个×9 个像元。对于狭长多边形图斑，短边宽要求陆地卫星 TM 数据的 4 个像元以上。

2.3.4　图形编辑

湿地类型分县矢量数据的编辑是在 Arc/info 或 ArcGIS 下进行，因此首先将 MGE 软件环境下的 DGN 文件转换为 Arc/info 或 ArcGIS 下的 Coverage 文件。其操作过程如下。

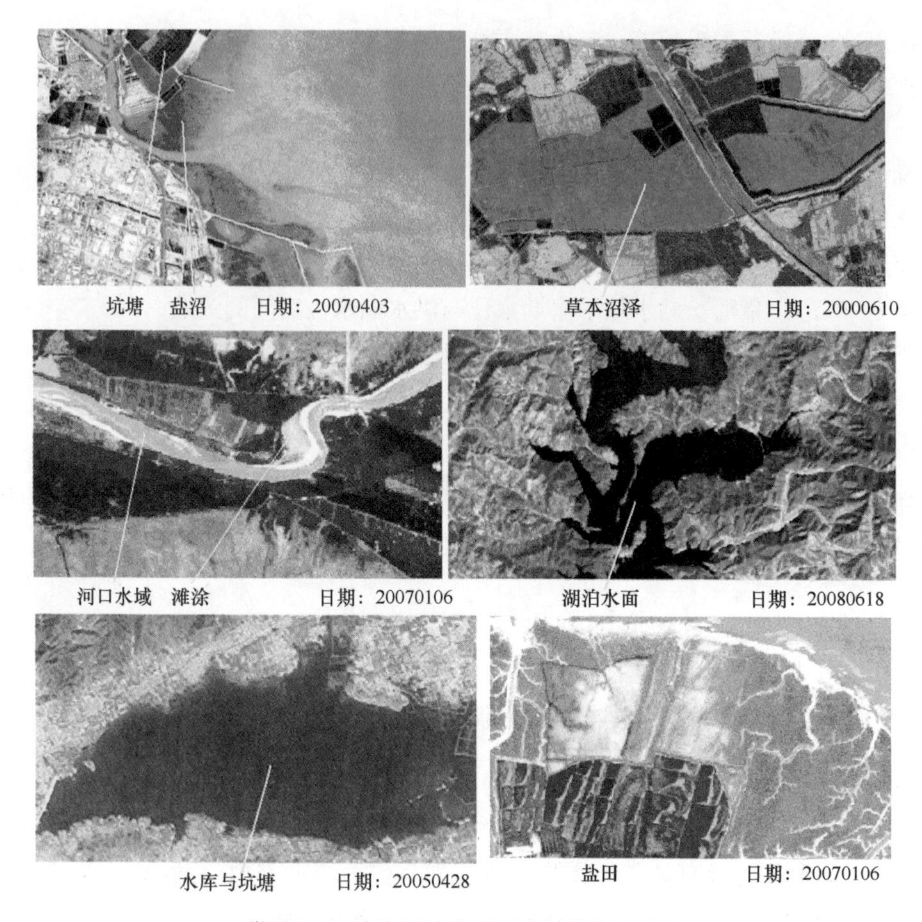

附图 2.2 滨海湿地类型遥感影像表现示例

第一步，将 DGN 图层导出为 DXF 格式文件：首先，将所有的注记文本符号的大小统一缩小为 1（这样有助于导出为 cov 文件后，lab 点能够落于每一个封闭的图斑内）。其次，点击 MGE 软件 MGE Coordinate System Operations 模块的 File 下的 Working Units 下的 Mapping，设置为 1 m。再次，点击 MGE 软件 MicroStation 下 File 内 Reference 里看一看有没有衬着背景图，如果有要删除，否则在导出时会和前景图一并导为一个文件。最后，点击 MGE 软件 MicroStation Command Window 模块，将图缩小全部选中，点击 File 下的 Export 下的 DWG or DXF，选择键入 DXF 后缀的文件名后点击 OK，查看 Settings 内的 Settings 下的 General，看一看 Convert Shapes To：设置是不是 PolyLines，如果是，就对了，否则导出的是不可编辑的多边形，到这里就可以正常导出为 DXF 格式了（MGE 与 ARC/INF 之间的转换格式文件）。

第二步，在 Arc/info 或 ArcGIS 下，将 DXF 转换为 Coverage，建立拓扑关系时，悬弧（Dangle_ Length）和容差（Fuzzy_ Tolerance）参数均设为 1。然后转换属性代码，将文本性质的编码等转为 Arc/info 或 ArcGIS 下的 Label 属性。

第三步，选择线段属性建立拓扑关系，使勾绘时的图斑界线交叉。由于在勾绘时，为了避免图斑的不封闭，图斑界线交叉处要相应加长，建立拓扑关系后成为悬弧等。对应这些悬弧，可以通过命令方式，选择一定长度予以删除，如果删除不尽，需要手工删除彻底。

第四步，除了悬弧外，图形编辑的主要错误还包括一斑多码、漏码、邻斑同码、非法编码等属性错误，需要一一解决。属性编码错误完成后，需要重新建立拓扑关系。

第五步，在有些情况下，还可能存在 Arc/info 或 ArcGIS 下不便处理的错误，如漏码的属性判定、漏界的补绘等，需要回到 MGE 环境修改，以便利用遥感图像和其他辅助信息，因而需要将编辑完成的 Coverage 重新导出为 DGN 文件。此时，可以在 Arc/info 或 ArcGIS 下的 Arcedit 状态下，将弧段和属性（arc 和 lab）全选，并产生新的 Coverage，这样可以除去 anno 等有可能导入的码，只保留了 lab 点这唯一的一层属性码，避免导入 MGE 后出现两套重码现象。

修改完成后，需要重新进行上述步骤的图形编辑工作。最终获得 2 位编码的基年湿地本底。本研究将 2008 年作为基础年进行湿地遥感监测本底，在其基础上，分别回推 2005 年湿地数据、更新 2011 年湿地数据进而更新 2012 年湿地数据。

2.4　湿地动态信息确定

在基年 1∶10 万比例尺湿地遥感监测图的基础上，进行其他年份的滨海湿地信息回推及更新，流程如附图 2.3 所示。

补充 2000 年、2005 年、2010 年、2011 年、2012 年和 2014 年同季节的遥感数据，通过人—机交互全数字分析方法，对比分析 2014 年、2012 年、2011 年、2010 年、2005 年、2000 年的遥感影像与 2008 年遥感影像湿地之间的差异，并参照地形图、土地利用动态图及其他相关资料，发现动态变化区域，直接勾绘动态图斑边界，标注动态图斑编码。所勾绘的动态图斑边界及其编码，形成新的图层。凡是与基期本底湿地相应图斑共用的边界，不再重新勾绘，以免在后期图形编辑时出现同一界线的偏差。所造成的动态图斑不封闭，会在图形编辑时予以解决。利用 Arc/info 或 ArcGIS 作图形编辑时从本底层面提取该边界，即可形成完整的动态图斑，并保证本底数据和动态数据之间共用界线的绝对吻合。2012 年湿地更新以 2011 年的湿地监测最终成果为基期年进行更新。

2.4.1　动态图斑的属性编码

动态图斑的属性注记采用 6 位编码，前 3 位代表变化前的原湿地类型，后 3 位代表变化后的湿地类型。即在通常情况下，前 3 位代表时间较早时期的湿地类型，原 2 位编码后补“0”到 3 位；后 3 位表示时间较晚时期的湿地类型，原 2 位编码的类型仍然采用末位补“0”的方式到 3 位。采用补“0”方式非常易于区分前后时期的湿地类型，

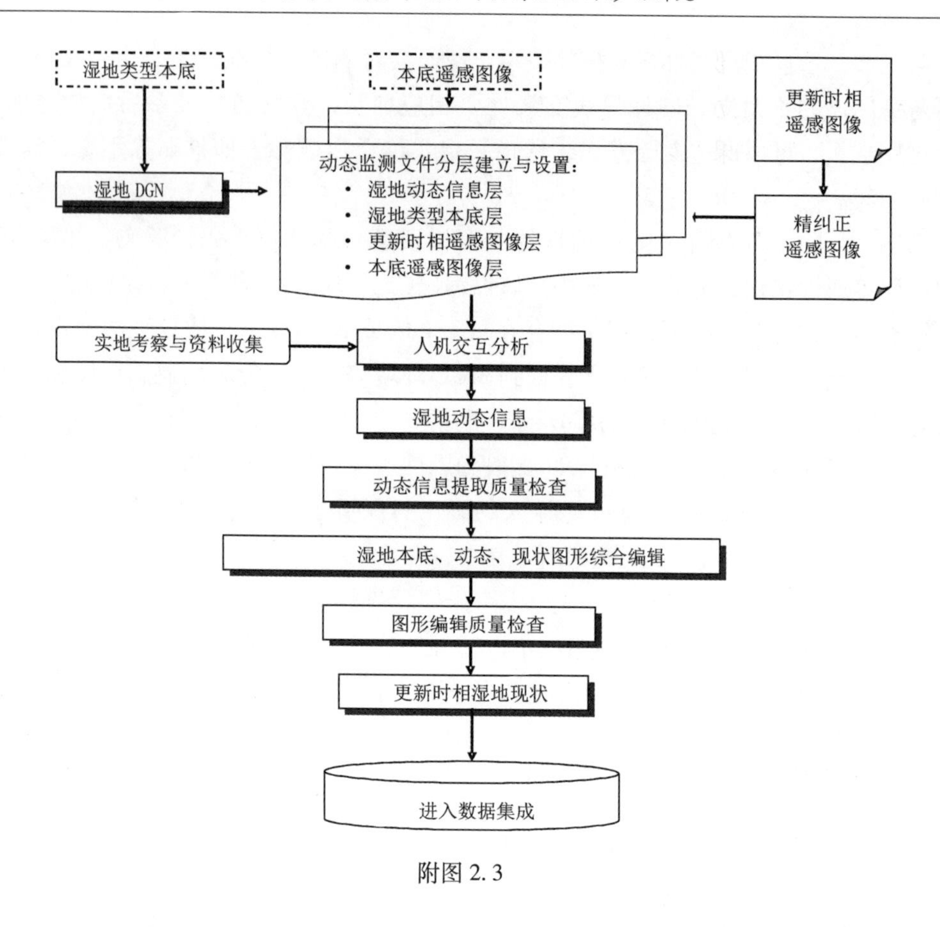

附图 2.3

也为今后通过细化分类系统，提高制图精度到更大比例尺留有余地。进行历史时期湿地状况恢复重建时，前后两个 3 位码分别对应早晚两个时期。海域部分在动态变化中成为某一类湿地后，或原来的湿地类型成为海域后，相应部分的海域编码用“99”。

6 位动态编码的示例如下：

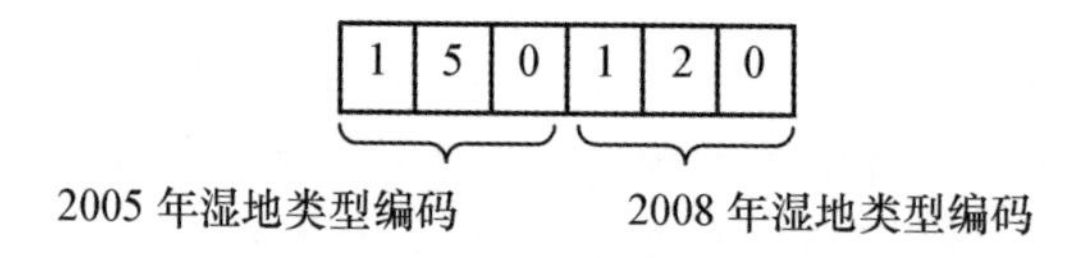

其中，“15”表示 2005 年为水库与坑塘，“12”表示 2008 年为芦苇地。

2.4.2 动态图斑编辑与数据更新

动态数据的图形编辑与 2008 年湿地本底数据的操作流程相同。编辑完成的图形文件，包括两方面的内容：一方面大量地是更新前后没有变化的湿地类型图斑，其界线和属性不变，采用分类系统中的 2 位编码；另一方面，也是最主要的方面是更新后发生变化的动态图斑，该类图斑采用 6 位动态编码。

由此可见，编辑完成的图形文件，综合了动态更新和本底等全部内容，尚不是最终成果，但从根本上保证了图斑共用界线的绝对一致。对此，可以在 Arc/info 或 ArcGIS 下，通过对 6 位编码的动态图斑属性的拆解，分别形成更新前的本底数据和更新后的湿地现状等结果。待质量检查并对可能存在的错误修改完成后，统一拆分成 2000 年、2005 年、2008 年、2010 年、2011 年、2012 年和 2014 年环渤海区域湿地遥感监测图，能够确保这 7 期成果共用图斑界线和类型编码的校对一致。

2.5 质量检查

质量检查包括外业实地核查和室内重复作业复查两个方面。外业实地核查为自查，室内重复作业检查为互查方式。

对环渤海区域湿地类型先进行室内预判。然后在外业考察时，完成实地核实和检查；并且通过野外调查，建立区域分析判读标志和实况景观照片库，作为内业判读分析的参考。

完成后的湿地监测结果，采用 Arc/info coverage 的矢量数据格式保存。由质量检查组进行统一的抽样检查，要求分类属性的定性精度优于 90%。质量判定依据全国 1∶10 万土地利用数据库质量检查的技术规范。

2.6 接边处理

接边是指监测区域分块作业后的块与块之间的接边。区域内的作业块可以是图幅，也可以是县级区域。接边完成后，两侧图斑定性应完全一致，对应图斑界线的偏差应该小于 1∶10 万比例尺图上 0.5 mm。

附录3 滨海湿地景观格局指数

景观格局分析选择100 m×100 m为空间粒度的最小单元，进而在此空间尺度上进行环渤海区域滨海湿地景观格局及其变化研究。

3.1 景观斑块类型指标

选取的表征景观斑块类型的指标包括：景观百分比（*PLAND*）、斑块数（*NP*）、最大斑块指数（*LPI*）和斑块平均面积（*AREAMN*）。景观斑块类型指标计算方法及指标含义描述见附表3.1。

附表3.1 选取景观斑块类型指数列表

指数	缩写	计算公式	描 述
景观百分比	*PLAND*	$PLAND = \frac{\sum_{j=1}^{n} a_{ij}}{A} \times 100$ a_{ij}为斑块ij的面积；A为景观总面积	单位:%，范围：0 <*PLAND*≤ 100 *PLAND*等于各斑块类型的总面积占整个景观面积的百分比。其值趋于0时，说明景观中斑块类型变得十分稀少；其值等于100时，说明整个景观只由一类斑块组成
斑块数	*NP*	$NP = n_i$ n_i为类型i的斑块数量	单位：无，范围：*NP*≥1 *NP*在类型级别上等于景观中某一斑块类型的斑块总个数；在景观级别上等于景观中所有的斑块总数
最大斑块指数	*LPI*	$LPI = \frac{\max_{j=1}^{n}(a_{ij})}{A} \times 100$ a_{ij}为斑块ij的面积；A为景观总面积	单位:%，范围：0 <*LPI*≤100 *LPI*指整个景观被大斑块占据的程度，简单表达为景观优势度，指数越大，优势越明显。
斑块平均面积	*AREAMN*	$AREA\_MN = \frac{\sum_{j=1}^{n} a_{ij}}{n_i}\left(\frac{1}{10\ 000}\right)$ a_{ij}为斑块ij的面积；n_i为类型i的斑块数量	单位：hm^2，范围：*AREAMN* > 0，*AREAMN*是景观类型面积和数量的综合测度

3.2 景观斑块形状指标分析

选取的表征景观斑块形状的指标包括：边缘长度（*TE*）、周长—面积分维数

($PAFRAC$)。景观斑块形状指标计算及含义描述见附表 3.2。

附表 3.2　选取景观斑块形状指数列表

指数	缩写	计算公式	描述
边缘长度	TE	$TE = \sum_{k=1}^{m} e_{ik}$ e_{ik} 为景观类型 i 的总边缘长度	单位：m，范围：$TE \geq 0$，无上限 TE 在类型级别上等于景观中某一斑块类型的斑块总边缘长度：在景观级别上等于景观中所有斑块总边缘长度

3.3　景观聚集度指数

景观聚集度指数（$COHESION$）表征景观斑块类型水平的异质性。计算公式如下：

$$COHESION = \left[1 - \frac{\sum_{j=1}^{n} p_{ij}}{\sum_{j=1}^{n} p_{ij}\sqrt{a_{ij}}}\right] \times \left[1 - \frac{1}{\sqrt{A}}\right]^{-1} \times 100$$

其中，p_{ij} 为斑块的周长，a_{ij} 为斑块的面积，A 为景观总面积。

单位：无，范围：$0 \leqslant COHESION \leqslant 100$。

斑块聚集度指数是景观自然连通性的测度。在斑块类型水平，聚集度指数描述景观中同一景观类型斑块之间的自然衔接程度，即同一景观类型斑块之间的相互聚集程度。值越大，说明景观的空间连通性越高。随着核心斑块的面积百分比减少，景观变得越来越分散、越不连接时，斑块的聚集度指数趋于 0；斑块聚集度指数随着核心斑块面积百分比的增加而增加，直到渐近线接近临界阈值。但当渐近线超出临界阈值时，斑块的聚集度指数对斑块的空间配置将变得不是很敏感。

3.4　景观水平异质性分析

选取香农多样性指数（$SHDI$）表征湿地景观水平异质性，即景观类型多样性。计算公式如下：

$$SHDI = -\sum_{i=1}^{m} P_i \log_2(P_i)$$

其中，P_i 是 i 种景观类型占总面积的比，m 是研究区中景观类型的总数。单位：无，范围：$SHDI \geqslant 0$，无上限。$SHDI$ 大小反映景观要素的多少和各要素所占比例的变化。随 $SHDI$ 值的增加，景观结构组成的复杂性也趋于增加。

景观多样性是指景观在结构、功能以及随时间变化方面的多样性，它反映了景观的复杂性。景观多样性包括景观类型的多样性、组合格局的多样性和斑块的多样性。本研究使用的多样性指标是指景观类型多样性，是指景观中类型的丰富和复杂程度，类型多样性的测定多考虑不同景观类型在景观中所占面积的比例和类型的多少。

香农多样性指数（*SHDI*）是一种基于信息理论的测量指数，在生态学中应用很广泛。该指标能反映景观异质性，特别对景观中各斑块类型非均衡分布状况较为敏感，即强调稀有斑块类型对信息的贡献，这也是与其他多样性指数的不同之处。

附录 4　湿地变化影响因素指标确定

4.1　填海造陆面积变化和岸线人工化程度

重点开发区域填海造陆活动对海域空间资源的影响主要表现在对岸线的改变以及海域面积的减少方面。因此，选择自然岸线损失比、人工平直岸线比、海域占用面积比 3 项指标进行填海造陆对海域空间资源的影响评价。

监测频次：2000—2005 年、2005—2008 年、2008—2010 年、2010—2011 年、2011—2012 年各时期监测 1 次。

4.1.1　岸线变化率

对于评价海域的岸线，利用每项填海造陆工程的海籍调查资料，首先对利用的岸线进行加和，结合卫星、航空遥感资料判定进行总体修订。具体计算公式如下：

$$H_{ax} = \frac{H_L}{H_T} \times 100\%$$

式中，H_{ax}为自然岸线损失比，H_L 为评价海域已经由自然岸线变更为其他土地功能的岸线长度，H_T 为评价海域开发活动前岸线的总长度。

4.1.2　人工平直岸线比

对于评价海域岸线，人工岸线平直岸线比，资料获取同“(1) 岸线变化率”，具体计算公式如下：

$$H_{PZ} = \frac{H_P}{H_T} \times 100\%$$

式中，H_{PZ}为人工平直岸线比，H_P 为评价海域人工平直岸线长度，H_T 为评价海域岸线的总长度。

4.1.3　海域占用面积比

对于评价海域，海域占用面积比，资料获取同“岸线变化率”，具体计算公式如下：

$$H_{HY} = \frac{H_{LS}}{H_{TS}} \times 100\%$$

式中，H_{HY}为海域占用面积比，H_{LS}为评价海域开发活动海域占用面积，H_{TS}为评价海域总面积。

4.2 湿地变化指标

湿地变化指标主要采用破碎度和占用湿地面积比两个指标。

重点开发区地区湿地遥感监测，主要使用美国陆地卫星 Landsat-TM 及中巴资源卫星（CBERS）的 CCD 数据。其中，CBERS 数据空间分辨率 19.5 m，Landsat-TM 数据空间分辨率 30 m。无法覆盖区域补充使用环境一号星（HJ-1）或者“北京一号”小卫星（DMC+4）的 CCD 数据或者补充 ASTER 数据等。几种数据的空间分辨率接近，均能实现标准假彩色合成，满足湿地监测需求。

完成重点开发区 2000 年、2005 年、2008 年、2010 年、2011 年、2012 年和 2014 年 7 个年度 1∶25 万比例尺湿地分布图。

4.2.1 破碎度

破碎度指景观被分割的破碎程度，反映景观斑块的面积异质性，斑块面积越小，景观破碎度越大，景观异质性越高。该指数的计算公式为：

$$FN_1 = N_p - 1/N_c$$

式中，FN_1 为景观整体破碎化程度，N_p 为景观斑块总数，N_c 为景观面积。

4.2.2 湿地占用面积比

对于评价海域，海域占用面积比，资料获取同“岸线变化率”，具体计算公式如下：

$$H_{HY} = \frac{H_{LS}}{H_{TS}} \times 100\%$$

式中，H_{HY}为海域占用面积比，H_L 为评价海域开发活动占用的海域面积，H_T 为评价海域总面积。